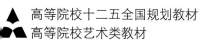

高等院校十二五全国规划教材
高等院校艺术类教材

书籍设计
Book Design | 主编

20%的传统教学内容 + 30%的最新教育理念 + 50%的经典案例解析与项目实训

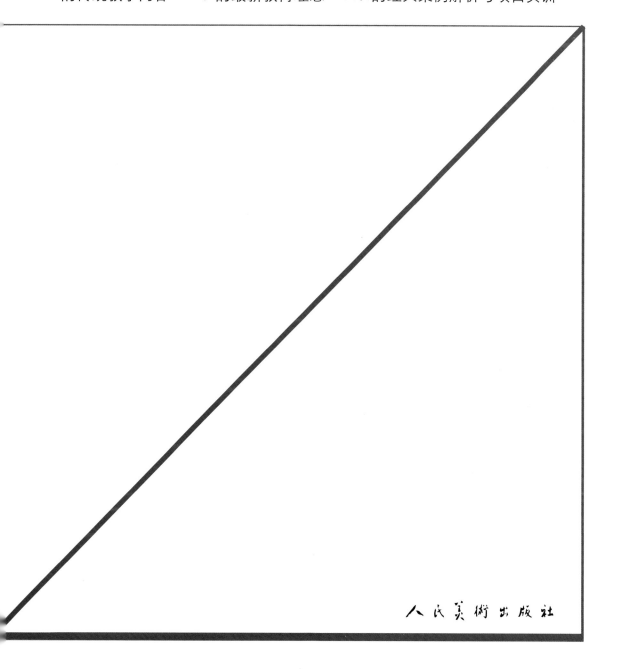

人民美术出版社

图书在版编目（CIP）数据

书籍设计/蒋琨主编. -- 北京：人民美术出版
社, 2010.6（2014.3重印）
高等院校艺术类教材
ISBN 978-7-102-05075-1

Ⅰ.①书… Ⅱ.①蒋… Ⅲ.①书籍装帧－设计－
高等学校－教材 Ⅳ.①TS881

中国版本图书馆CIP数据核字(2010)第095793号

高等院校艺术类教材编辑委员会

委　　员：（以姓氏笔划为序）

　　　　　王广文　王著名　支　林　占必传　吕　波　朴明姬　刘颖悟

　　　　　吴国梁　张新词　黄明秋　熊玛琍　臧　勇　魏长增

主　　编：　蒋　琨

高等教育"十二五"全国规划教材
书籍设计

出　　版：人民美术出版社
地　　址：北京北总布胡同32号　100735
网　　址：www.renmei.com.cn
电　　话：艺术教育编辑部：(010) 56692089　(010) 56692090
　　　　　发行部：(010) 56692181　(010) 56692190　邮购部：(010) 65229381

责任编辑：王　远
封面设计：肖　勇　贾　浩
版式设计：武青帅
插　　图：蔡　健
责任校对：黄　薇
责任印制：赵　丹
制版印刷：北京启恒印刷有限公司
经　　销：人民美术出版社
2010年6月　第1版　2014年3月第3次印刷
开　　本：787毫米×1092毫米　1/16　印　张：8
印　　数：4001-7000册
ISBN 978-7-102-05075-1
定　　价：38.00元

　　肇始于20世纪初的五四新文化运动，在中国教育界积极引入西方先进的思想体系，形成现代的教育理念。这次运动涉及范围之广，不仅撼动了中国文化的基石——语言文字的基础，引起汉语拼音和简化字的变革，而且对于中国传统艺术教育和创作都带来极大的冲击。刘海粟、徐悲鸿、林风眠等一批文化艺术改革的先驱者通过引入西法，并以自身的艺术实践力图变革中国传统艺术，致使中国画坛创作的题材、流派以及艺术教育模式均发生了巨大的变革。

　　新中国的艺术教育最初完全建立在苏联模式基础上，它的优点在于有了系统的教学体系、完备的教育理念和专门培养艺术创作人才的专业教材，在中国艺术教育史上第一次形成全国统一、规范、规模化的人才培养机制，但它的不足，也在于仍然固守学院式专业教育。

　　国家改革开放以来，中国的艺术教育再一次面临新的变革，随着文化产业的日趋繁荣，艺术教育不只针对专业创作人员，培养专业画家，更多地是培养具有一定艺术素养的应用型人才。就像传统的耳提面命、师授徒习、私塾式的教育模式无法适应大规模产业化人才培养的需要一样，多年一贯制的学院式人才培养模式同样制约了创意产业发展的广度与深度，这其中，艺术教育教材的创新不足与规模过小的问题尤显突出，艺术教育教材的同质化、地域化现状远远滞后于艺术与设计教育市场迅速增长的需求，越来越影响艺术教育的健康发展。

　　人民美术出版社，作为新中国成立后第一个国家级美术专业出版机构，近年来顺应时代的要求，在广泛调研的基础上，聚集了全国各地艺术院校的专家学者，共同组建了艺术教育专家委员会，力图打造一批新型的具有系统性、实用性、前瞻性、示范性的艺术教育教材。内容涵盖传统的造型艺术、艺术设计以及新兴的动漫、游戏、新媒体等学科，而且从理论到实践全面辐射艺术与设计的各个领域与层面。

　　这批教材的作者均为一线教师，他们中很多人不仅是长期从事艺术教育的专家、教授、院系领导，而且多年坚持艺术与设计实践不辍，他们既是教育家，也是艺术家、设计家，这样深厚的专业基础为本套教材的撰写一变传统教材的纸上谈兵，提供了更加丰富全面的资讯、更加高屋建瓴的教学理念，与艺术与设计实践更加契合的经验——本套教材也因此呈现出不同寻常的活力。

　　希望本套教材的出版能够适应新时代的需求，推动国内艺术教育的变革，促使学院式教学与科研得以跃进式的发展，并且以此为国家催生、储备新型的人才群体——我们将努力打造符合国家"十二五"教育发展纲要的精品示范性教材，这项工作是长期的，也是人民美术出版社的出版宗旨所追求的。

　　谨以此序感谢所有与人民美术出版社共同努力的艺术教育工作者！

中国美术出版总社
人民美术出版社　社长

BOOK DESIGN
Contents
目录

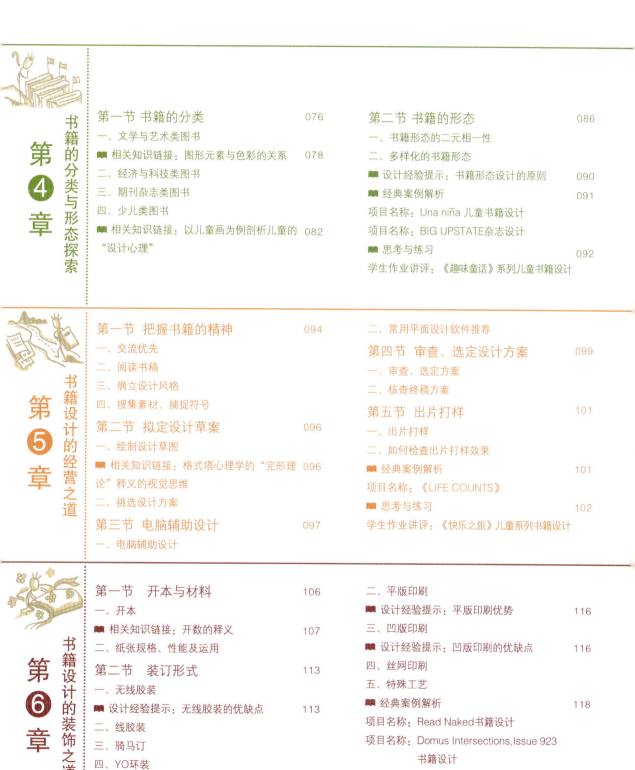

导读 ▷ Introduction

如何使用这本书
HOW TO USE?

ONE

载体，是以传播知识、交流思想、信息符号记录于一定形式的材料，设计师必须从观念上对书籍有一书籍是对书籍进行设计的前提与书籍形式的更迭流变，文字的展以及书籍的设计目的、原则，者感受书籍，建立对书籍的整体更美、更有渊源、更具韵味和理论基础。

本章重点
- 书籍形态的演变
- 书籍设计的目的
- 书籍设计原则

在每章开始的部分设计了"本章重点"小板块，目的在于厘清学生需要着重把握的知识脉络，有侧重地学习。

TWO

书套泛指书籍的各种护装形式，一般用厚纸板或木片作里子，外层裱以布或丝织物（如缂或织锦缎）等，比较讲究的书套

相关知识链接

书籍主要分为两种形式，即四合套和六合套，四合套是将书四面护纸，又称半包式，六合套是将书六面护纸，又称全包式。

在每章的内容中，设置了"相关知识链接"板块，作为整体知识的延伸，能够使学生更深入、更全面地了解书籍设计的相关知识。

THREE

设计经验提示

篇、章、节的编排具有其自身列形式规则，在设计中要主要以下几点：
- 设计的明确性
- 设计的简洁性
- 图案的装饰性

三、书眉与注释

穿插在每一章节中的"设计经验提示"是作者多年设计经验的总结与凝练，可以帮助学生在学习书籍设计的过程中提高学习效率。

FOUR

封底设计是书籍整体设计的重要组成部分，同时也是封面、书脊设计的延伸，在书籍设计时必须注重三者的统一。书籍的封底设计使用封面设计的完整，与封面形成了一种相互观照，相互呼应的关系。

书籍的图片部分都设计了图片详解以及草图绘制过程，能够帮助学生清晰、直观地了解图片承载的信息，把握书籍设计的生成过程。

FIVE

思考与练习

- 思考不同的出版技术对书籍形态设计的影响？
- 思考如何把握书本与书籍的设计的一致性？
- 到印刷厂考察，深入了解印刷工艺及印刷流程。
- 设计一套体现历史之美的书籍设计

书籍设计《红泥文化》书籍设计
设　计：杨宏毅
指导教师：严宽

在每一章的结尾部分都设置了"思考与练习"板块，有利于学生在学习过程中温故知新，通过对学生作品的讲评，以强化对本章内容的理解。

SIX

片打样

样

上一节所讲到的核阶段，不情仍存在错误没有查到，那出片打样阶段成的机会，同时也是品最后视觉效果的

经典案例解析

项目名称：《LIFE COUNTS》

书籍设计的延伸之道还运用过设计师运用穿插、留白、点心设计的，核心的设计或大量的留白，给读者留出了充分的心理空间，且产生了"气场"，用循环不局限，形成大量的疏文。赞则不乱，与读者形成视觉的对比。整品

该书籍的"经典案例解析"部分是对优秀书籍设计的分析与解剖，通过借鉴经典的书籍设计案例，以开阔学生的眼界，拓宽创意思维。

BOOK DESIGN 1

成书之道——书籍设计初识

第一章 成书之道——书籍设计初识

导言：书籍是传承知识的物质载体，是以传播知识、交流思想、积累文化为目的，用文字或其他信息符号记录于一定形式的材料之上的物化形态。作为一名书籍设计师必须从观念上对书籍有一个完整的认知，系统整体地认识书籍是对书籍进行设计的前提与基础。本章从书籍的概念、含义，书籍形式的更迭流变，文字的诞生、纸张的出现、印刷术的发展，以及书籍的设计目的、原则，设计的审美倾向等方面，引领读者感受书籍，建立对书籍的整体认知，为书籍设计师创作出更新、更美、更有渊源、更具韵味和感染力的书籍设计作品奠定坚实的理论基础。

本章重点

- 书籍形态的流变
- 书籍设计的目的
- 书籍设计原则

第一节 何谓书籍

一、书籍的定义

书籍是："用文字、图画或其他符号，在一定材料上记录知识、表达思想并制成卷册的作品。"书籍最初同书契档案不分，后来，伴随人类知识领域的不断扩大，书籍逐渐成为传播思想、传承知识和积累文化的主要形式，随着社会的发展，书籍最终脱离书契档案成为一种独立的形态。

古代书籍通常是由雕刻和手工书写来完成的，书籍的材料及其装帧形式也随着时代的变迁而不断演化。我国从春秋时起（迄今发现的实物最早为战国时），常用简、帛写书，简称策、帛书。

书籍是传承文化的载体，在形态上是图形、文字等诸多元素的综合体。随着社会的发展，书籍的形式与内容也逐步演变，书籍不仅仅是一个物质名词，同时也是一种精神价值的体现，是物质与精神的二元同一。

东汉以后，由于纸张的出现代替简、帛，出现了新的形式。自隋唐代以来，雕版逐渐兴起，书籍的形式由手工抄写向刻版印刷过渡，书籍形态也由汉魏时期的卷轴演变为册页形式。近代以来，随着现代科技的发展以及印刷技术的不断革新，书籍的内容和形式也愈加丰富多彩。除传统的书籍之外，在互联网盛行的时代，书籍的形态也发生了革命性的变化。传统书籍是依附于一定的物质载体之上的，而在非物质化的时代，它不再需要特定的载体，而是作为一种信息流的形式存在（如电子书籍、网络小说等）。电子书籍的出现打破了人们对传统书籍的认知。面对互联网日益发挥着强大信息传播功能的总体态势，传统意义上的书籍并没有因此呈现出萎靡之势，反而以其自身独有的特质与魅力吸引着读者的持续关注。

➡ 在非物质化时代，电子书籍的出现打破了人们对传统书籍的认知，它不再像传统书籍那样依附于一定的物质载体之上，而是以一种信息流的形式存在。

与现代电子书籍相比，传统书籍有着其他书籍形式所不具备的优势。关于这一点，日本著名设计家杉浦康平曾提出传统意义上的书籍具有"五感"，这"五感"不仅为读者带来异样的精神享受，同时也构成了传统的以纸张作为媒材的书籍与现代以电子媒介作为载体的电子书籍的本质区别。

书籍的"五感"分别为：

书的重量感。一本书或沉甸甸或轻盈飘逸，都会带给读者一种充实之感。

书的触觉感。书的纸张无论是挺拔或柔弱，都会唤起读者一种触觉的新鲜感。

书的嗅觉感。油墨之香，闻之沁人心脾，能不断刺激读者的阅读欲望。

书的听觉感。随意翻动之间，其声摩挲，如鼓琴瑟，听之能带给读者音乐般的享受。

书的味觉感。书册在手，手翻心读，一本好书五味杂陈，从而触发读者的味觉享受。

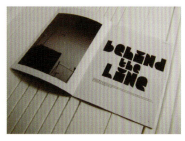

 一本书或沉甸甸或轻盈飘逸，都会带给读者一种充实之感。

露西亚的小镇 设计：张庆 书籍以粗麻布作为材质，从视觉到触觉带给人一种温暖的、生态的心理感受，同时书籍材质的选择又与书籍的主题相吻合。

由此可以察知，书籍的诸多特点是互联网所难以企及的。与电子书籍相比传统书籍更像艺术品，除了供阅读之外，同时兼具收藏、欣赏的价值。而以互联网为传播媒介的电子书籍的方便快捷、便于携带、节省空间等优势又是传统书籍不可比拟的。因此，在多元化时代，传统书籍与电子书籍的并存是历史的必然和社会所需，二者之间是一种优势互补、并行不悖的共生关系。

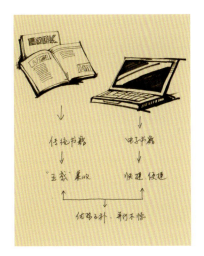

↑ 电子书籍与传统书籍是一种优势互补、并行不悖的共生关系。

二、书籍设计的涵义

一本书的创造是作者和书籍设计师共同的智慧结晶。作者为书籍的诞生提供了物质基础和精神内核，而书籍设计师则在理解书籍内涵的基础上为书籍创造了一种恰当的形态。因此，书籍设计并不是单纯地运用某种图形、符号抑或工艺、材料为书籍做一件华丽的外衣，而是用一种"立体式"的思维方式，从多层次、多角度、多因素塑造的一种动态的"三维"形态，是将作者赋予作品的思想内涵通过设计语言的编辑，将信息由精神到物化、由抽象到具象的表现，创造出的美观实用、载录得体、翻阅方便、流畅易读、趣味无穷的符号载体。

← Annual Book Japan TD.AD.D:Wabisabi 具有很强的日本风格，色彩单纯、清秀，符号简洁、完整，在系统的策划下，更增强了书籍的整体性，塑造了书籍多层次的"三维"形态。

↓ 书籍是作者与书籍设计师、出版者等不同角色共同智慧的结晶，在书籍设计中，设计师要以书籍的精神主旨作为设计导向，充分体现作者的思想和意图，尤其是书籍形态和图形元素的应用，务必要做到形式因循内容的原则，这样才不会导致书籍形式与内容格格不入的现象发生。

第二节 书籍形式的诞生

一、文字的出现

在人类文明的演化进程中，文字的创造及其使用是人类文明得以传承的基本条件。子曰："言而无文，行而不远。"假如没有文字的出现，人类文明是无法想象的。文字的形成不仅是传承文明的前提，同时也是构成书籍的基本条件，没有文字就不可能有书籍的诞生。但文字作为"无声的语言符号"并不是人类社会一开始就有的，它的产生、发展，一直到成熟定型，经过了一段漫长的演进过程。

关于文字的出现与形成，理论界、文化界亦是众说纷纭、莫衷一是，总体归纳起来主要有仓颉造字说和伏羲八卦说。然而，传说毕竟是传说，文字不是在一定时间、一定地点由某一个人创想出来的，而是人类社会发展到一定阶段的产物，是在原始人类生产实践中逐渐形成、发展、演化而来的，是一个渐次创造、积累、再创造的循环过程。

处于混沌之初的原始社会是人类的蒙昧时期，是人类的起点。人类在满足自身最基本的需要——生存需要的同时，通过劳

传说中的仓颉书

仓颉　传说仓颉仰观天文、俯察地理，观鸟兽之文，远取诸物、近取诸身创制了文字。

受伤的野牛　法国拉斯科洞窟壁画　旧石器时代晚期　画面中的野牛鬃毛直立，肚破肠出，但依然奋力挣扎，猎人则直挺挺地仰倒在地，斜穿牛身的投枪，象征着原始人征服自然的伟大愿望。

野牛　西班牙阿尔塔米拉洞窟壁画　旧石器时代　细线勾勒出大致的轮廓，随后用颜料上色，在靠近轮廓部位用黑色擦出立体感，造型生动，令观者惊叹于原始艺术所焕发出的隽永的魅力和美感。

动和改造自然，对于自然、地理、天文有了粗浅的认识。出于交流、沟通的需要，产生了简单的语言；出于记事的需要，产生了图形化的符号，这正是文字的前身，是人类最早的文字系统。据考古学家考证，早在旧石器时代，原始人类已经能够在他们所居住的洞穴的墙壁上画画，其中最具代表性的是法国的拉斯科洞窟壁画和西班牙的阿尔塔米拉洞窟壁画，它们以图形的方式记录了原始居民的生活状态与生活方式。

随着人们对图画所代表的意义相继熟悉，图画的笔画与结构进一步简化，于是开始向符号演变。从图画演变到符号，再从符号演化为文字，又经历了一个漫

长的过程。由上古的结绳记事、契刻记事、图画记事到殷商的甲骨文、秦的小篆、汉代的隶书、唐代的楷书……使得文字由萌芽状态逐步走向成熟。

除中国之外的其他文明也相继出现了自己的文字，如苏美尔的楔形文字、古埃及的圣书文字、中美洲的玛雅文字以及印度的印章文字等。

结绳记事　上古之时，在文字还没有出现之前，人们就利用结绳的方法来记录每天的活动，这种行为在一定程度上促进了文字的产生。

契刻　同结绳一样，留下的只是代表某件事情的符号，而不是语言符号。它只能唤起对某事的回忆或想象，而不能表达抽象的思想和概念，只能记事而不能达意。

《袁安碑》秦小篆　秦始皇统一六国之后，书同文、车同轨、人同伦，把其他诸侯国的文字统一改成小篆体。小篆字体婉转流畅，风姿绰约，宛若流水一般。

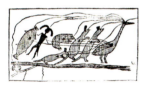

图画记事

殷商的甲骨文　殷商之时，人们将文字刻在龟甲或兽骨上，甲骨文是人类历史上最早的书籍雏形之一。

汉代的隶书　隶书产生并盛行于两汉之时，隶书字体圆润秀丽，姿态优美。

大字《杨符经》　唐楷书　元扬无咎谓："草书之法，千变万化，妙里无穷，今于褚中令楷书见之。"

二、纸张的产生与制造

文字发明以后，就随之出现了这样的问题，即用什么样的材料作为载体，才能使文化更便于保存和流传呢？古代先人们曾发明过许多书写材料，在一次次的尝试中不断地进步与发展。新石器时代的陶器、殷商的兽骨、周代的青铜器等都曾作为书写载体被采用。到春秋战国时期，人们开始使用竹木简牍作为文字的载体，并逐步形成定制。如孔子删定六经，诸子百家著书立说，均是在简册上完成的。以竹木简牍作为文字载体的"原始书籍"由于体量巨大而在文化传播中带来了诸多不便，不方便书写、携带与收藏等。传说秦始皇执政时，每天批阅的写在竹简上的公文重达 120 斤；汉代东方朔用 3000 根简写奏议上书汉武帝，须由两个大力士抬到朝堂。

春秋之后，丝织缣帛的出现，使书写材料向前迈进了一大步。帛书质地轻软，可据文章长短随意剪裁，且容量大，体积小，便于书写、阅读、收藏和携带。然而，由于帛书价格昂贵，使文化只能在一些贵族阶层内传承，而无法在平民百姓中广泛传播。据考证，

当时一匹帛的价值相当于 720 斤大米，绝非平常之家所能承受。因此，竹木简牍依然是大多数人的首选，而帛书只在记录重要文献或信息时才使用。帛书的出现启发了人们的思想，即如何能制造出一种既具备帛书的优点，又价格低廉的书写载体。历经多年的探索，到东汉时蔡伦发明了造纸术，造纸术的发明是人类文明史上的一次革命，它不仅为文字提供了新的物质载体，同时也打破了长期以来文化贵族阶层垄断的局面，使文化在社会各阶层得以自由广泛地传播。

随着不同媒介的出现，决定了书籍形态的嬗变：甲骨—青铜—竹木简—帛书—纸书。

雕版印刷必须是一本书籍雕一套版，一页雕一版。

雕版工序为：1.墨迹印上版，2.发刀，3.打空，4.拉线。

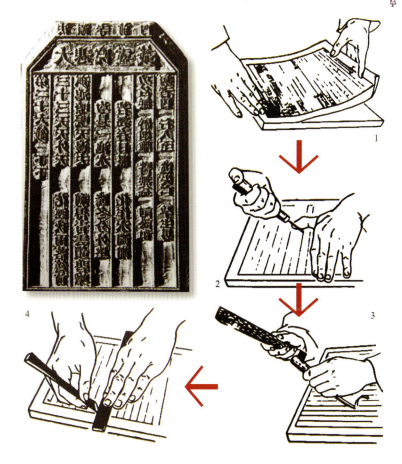

三、印刷术的发明

印刷术作为中国古代四大发明之一，为推动人类文明进程作出了巨大的贡献。中国古代的印刷技术主要分为三种，即雕版印刷、活字印刷、套版印刷。

（一）雕版印刷

明代胡应麟《少室山房笔丛》载："雕本肇始于隋，行于唐世，扩于五代，精于宋人。"

雕版印刷又称"整版印刷"或"木板印刷"。版材一般采用枣木或梨木，用写完的薄纸样稿贴在板面上，由刻工反向雕刻制成印刷母版，最后涂上水墨，印于纸上。可见，造纸术的发明为雕版印刷的出现提供了可能。

雕版印刷的书籍对比手抄本的书籍有无可比拟的优势：省时省力、制作容易、量多质优，只需雕刻一版，印刷的数量可以随心所欲。雕版印刷的出现打破了皇室贵族对文化的垄断，使广大百姓亦可共享文化成果。

诚然，雕版印刷比起手抄稿节省了巨大的人力和时间，对于书籍的生产与传播是一次巨大的变革，但这种技术必须是一本书籍雕一套版，一页雕一版，对于疏忽所致的错字难以更正与修改，而且耗材巨大，储存困难，有待于一种更加科学化、人性化的印刷术取而代之。

（二）活字印刷

北宋庆历年间刻版工匠毕昇发明了活字印刷术，这是书籍生产方法上的又一次重大革新，闪现了现代书籍生产方法的最早火花。活字印刷技术是预先制成单个活字，每个文字可以随意组合，随意生新，排列成所需书版，再进行印刷。

与雕版印刷相比，活字印刷具有用料省、速度快、效率高等优点，然而，这项技术在当时的中国乃至随后的 800 多年中，由于政治及社会等因素使然，并没有得到普及和推广，雕版印刷仍占据着统治地位。在中国，活字印刷术的发明虽然比西方早 400 多年，但直至 20 世纪以后随着社会对于信息、知识、文化的大量需求才成为主要的印刷方式。然而，在西方随着德国古登堡推出了活字印刷术，很快便与欧洲社会对印刷术如饥似渴的需求一拍即合，到 15 世纪末，已有 1000 所印刷作坊遍布欧洲 200 多个城市。活字印刷在欧洲的广泛应用促进了欧洲宗教改革和文学的发展，激发了民族主义热情。

（三）套版印刷

套版印刷是在雕版印刷术的基础上发展起来的，盛行于明代后期（公元 16—17 世纪）。套版印刷的发明实现了多色印刷，是将需要印上不同颜色的部分，分别刻成大小规格相同的版，逐次印在同一张纸上。套版印刷发

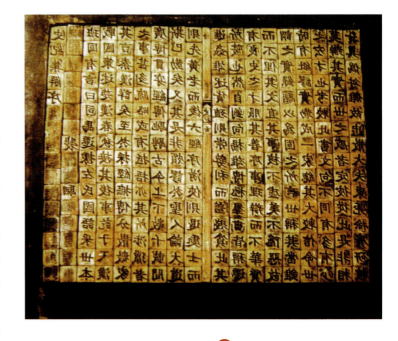

明初期，多用朱、黑两种颜色印刷，故而，印出的书籍称为"双印"或"朱墨印"。随着套版技术的进步，发展到了四色、五色套印，即被称为"四色本"、"五色本"。使用套版印刷技术可以直接运用不同的颜色区分经、注，以促进读者更加方便有效地阅读。

⬆ **泥活字版**　活字印刷是由单个的字模组成，可以根据需要任意组合，它的发明大大提升了当时的印刷效率。

⬆ 套版印刷的书籍

相关知识链接

明朝后期，戏曲、小说风靡于世，为了扩大销路，此时的书籍都附绘木刻插图，风格各异，百花齐放。除此之外，还逐渐盛行了以图为主的绘画范本，在雕版、绘画、印刷术相互融合的大势所趋下形成了"饾版"、"拱花"印刷技术。"饾版"采用分版套印或叠印，把彩色图的每一种颜色分别刻一块版，然后再依次逐色进行套印，最后形成一幅完整的彩色图画，画面浓淡深浅几乎与原作无异。"拱花"使用凹凸两版嵌合，画面呈现浅浮雕效果，极富立体感，适于花鸟与山水画。饾版、拱花的出现使套版印刷达到了空前的高度。

第三节 书籍形态的流变

一、中国古代书籍设计形式的发展演化

中国古代的图书很讲究装帧设计，既注重实用功能，同时又强调审美性，很早就形成了固定的书籍制度。在不同的历史时期，由于所采用的书籍载体材料和生产技术及流程不同，产生了不同的书籍制度，从而形成了装帧各异、形态多变的书籍设计形态。

以造纸术和印刷术两大发明为分水岭，整个中国图书发展史可以划分为三个时期，且各有对应的书籍制度，其中包括简牍制度、卷轴制度和册页制度。

（一）简牍制度下的书籍形态

📕 竹木简牍

汉代造纸术发明前，曾经历了一段竹帛并行的时期，这一时期正是简牍制度盛行的时期。竹木是我国最早的书籍材料，它的使用并不比甲骨迟，只是由于质地易朽蠹，所以目前发现最早的简牍实物属战国早期。

简牍主要的材质为竹子（竹简）和木材（木简）。竹子水分多，易腐烂且易遭虫蛀而无法长期保存，因而竹简要用火烤，烘干后使用；木简主要以柳木、杨木为材料，因其色质浅、材质软且易吸墨汁而广为应用。竹简与木简可以根据文章的长短，任意确定简数，一简书字一行，最后用上下两道绳编串起来，卷捆后保存，还有苇编和丝编两种，考究者用织物缝袋装入。

单根的竹木片为"简"，编连诸简为"策"，即"册"。简册的出现可以说是书籍最早的雏形了，而且在相当长的一段时期，

中国的书籍都是直排文字，由上至下书写，由右到左排列，这种行文格式一直延续到近代。诸如当代编纂的许多古典文献《诸子百家》、《十三经注疏》等依然还在沿袭这种格式。

（二）卷轴制度

卷轴制度是从简册制度中演化而来的，在帛书时代产生成形，发展到纸本时趋于成熟。

📕 帛书

帛书是略晚于竹简的一种书籍形式，二者虽材料不同，但在形式上有许多相通之处。它是将文字书写于丝织品上，在简牍的影响下，帛书形成帛卷，其装帧形制是缝边后成卷存放，逐渐向卷轴制度过渡。由于材料昂贵，多为统治者书写公文或作画使用，一般书籍使用较少。

📕 卷轴装

造纸术的发明，弥补了"缣贵"而"简重"书写材料的不足，纸张原料充足且价格低廉，初期纸质书的完全模仿简册和帛书的

⬆ 简牍　简牍是将文字刻在木简或竹简上而形成的一种书籍。简牍是现在书籍的早期雏形之一。

⬆ 西汉马王堆出土的帛书　帛书是写在绢、丝绸或帛上的一种书籍，在形态上比简牍更接近现代的书籍，但由于其高昂的价格并没有得到普及，一直在某些特殊领域使用。

形式，到公元2世纪便成为书籍载体的主要材料。纸张的应用得到普及，从抄写到制卷，经过逐步演进、发展，形成了一套完整的卷轴制度。

一部用多张纸写成的书，按顺序接成一张长纸，为保护纸卷不折皱或损坏，往往把最后一张纸粘在刷漆的木轴上，轴长要超过纸宽。

卷轴一般用竹木制作，两端露出轴头。考究者有用象牙、琉璃、玳瑁或紫檀等昂贵的材料制作成露在外部的轴头；为保护书的内容完好，在正文前加粘一张空白纸，亦可用绢、绫等丝织品制成，称作"褾"或"包头"，褾的中间系一根带子，用以捆扎

卷书，以避免纸卷散乱；为方便保存，避免混淆，卷轴的书通常都由不同花色的帙包裹，一般每5卷到10卷包裹成帙，或盛之以囊；为了方便取阅，就在轴头上挂一个小牌子，写明书名和卷次，称为"签"；有的书还会在卷面上出现注释的文字，在卷末的位置出现了跋。这种卷轴装书籍已初显了现代书籍的要素。

📖 经折装

卷轴形式比起简牍形式虽是一种进步，然而也存在着诸多不足，如制作手段复杂、耗时费工、阅读不便，尤其是不便于重点查阅某个章节，人们渴望探索一种新的装帧形式。

卷轴装书示意图

相关知识链接

📖 帙：指包书的套子，用布帛制成。一般谓书一套为一帙。考究者用更高级的质料做帙。帙只包裹卷身，轴头仍露在外。

📖 签：一般用木、纸为材质制成，精装书的签也有用象牙制成的，称作"牙签"，显得精细考究。唐代集贤院所藏四库图书，就分别用红、绿、碧、白四色牙签区分经、史、子、集四部。

📖 梵夹装："梵夹"即佛经之意。隋唐时期，佛学盛行，大量佛教经典由印度传入中国，典籍是单页梵文贝叶经的形式。梵夹装是将一张张纸积叠起来，上下夹以木板或厚纸，再用绳子捆扎。

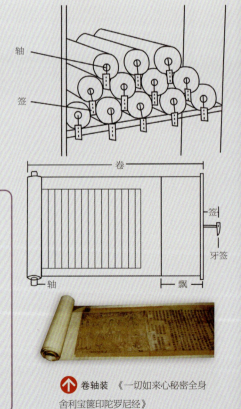
卷轴装 《一切如来心秘密全身舍利宝箧印陀罗尼经》

隋唐时期佛学盛行，大量佛教典籍由印度传入中国，这种"梵夹装"贝叶经形式启发了我国的古人。将纸张左右反复折合成长方形（有些像西洋乐器的手风琴），在其最前和最后（即书的封面和封底）粘上尺寸相当的硬纸予以保护，由此称为"经折装"。从外形上看，它已经具备了书籍的形态，但"有册而无页"。

经折装免去了麻烦的操作程序，可随时翻阅、重点检索。经折装在唐应用普遍，乃至宋代后的印刷典籍中，仍能看到其身影，可见普及时间之久。

📖 旋风装

经折装在阅读时容易散成长纸条，极易损裂，因此，在经折装的基础上，人们又不断地完善，于是出现了旋风装。旋风装始于唐中晚期，一直沿用至北宋。

旋风装有两种形式：一种是将经折装的书用一张纸，一半把书的第一页粘上，一半从书的右侧包裹到背面与书的最后一页粘起来，使书籍成为一个整体，从而避免了散乱。这样从第一页翻到最后一页，还可再连翻到第一页，反复回旋翻动间，书页犹如旋风，所以称之为"旋风装"。旋风装的另一种形式是把逐张写好的书页按先后顺序相错排列粘到一张纸上，使书页错落相连，最后将其卷成卷。从外形看，它与卷轴装没有太大差别，但内页的实质已经改变了。

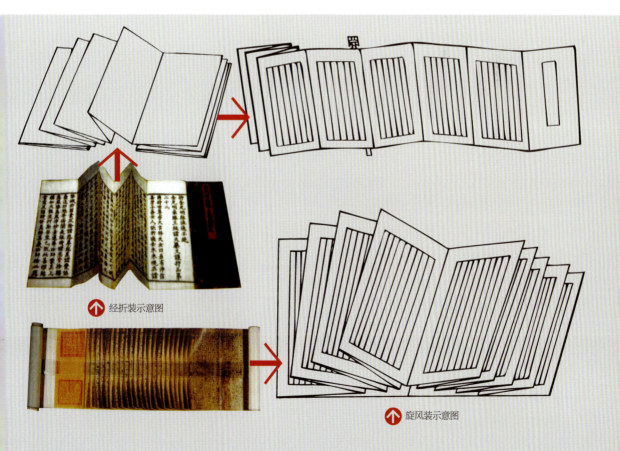

⬆ 经折装示意图

⬆ 旋风装示意图

（三）册页制度

纵观历史，任何一次印刷技术的变革都会相应地导致书籍设计的发展。唐末至宋初，随着雕版印刷的兴起，印本书籍逐渐取代手抄本书籍，由此，册页制度也逐步代替了卷轴制，成为新的书籍制度。

蝴蝶装

蝴蝶装又称"蝶装"，因其书页形似蝴蝶而得名。近人叶德辉在《书林清话》中载："蝴蝶装者不用线订，但以糊粘书背，夹以坚硬护面，以版心向内，单口向外，揭之若蝶翼。"蝴蝶装肇始于唐末，盛行于宋元时期。装订时先将每一印好的书页由书口向内字对字对折，使版心朝里，单口向外，数页为一叠，依序排好，在版口戳齐，然后逐页用浆糊粘连版口以为书脊，再装以硬纸装裱作为封面，这样便完成了一册书的装帧。蝴蝶装书籍可以直立，既经济耐用，又美观雅致，接近现代的平装书籍。

包背装

蝴蝶装虽然使书籍更加牢固，便于保存流传，且增添了形式上的美感，但由于其所有的书页都是单页，因此翻阅时常常是连续出现两个空白页面，极为不便，因而逐渐又被包背装所代替。

包背装是把书页背对背地折叠，将书页印有文字的一面向外（与蝴蝶装的折叠方式相反），将版口作为书口，再将书页的两边粘在书脊上，采用纸捻穿订（用长条的韧纸捻成纸捻，在书背靠近书脊处打孔穿订），外加书衣绕背包裹。包背装使书页间文字相连，方便了阅读。

包背装

线装

线装书出现于明代中期，它形式美观，书页不易散落，是古代书籍装帧走向成熟的标志。

线装书是在包背装的基础上演变而来的，仍是书页正折，版心为书口，封面、封底不再用一张纸包背粘裱，而是换为两张单页，分置书身前后，与书身一同打孔穿订。线装书打孔的位置距书脊较远，一般打四孔，称为四针眼装，相对较大的书也有六针眼装或八针眼装。

线装

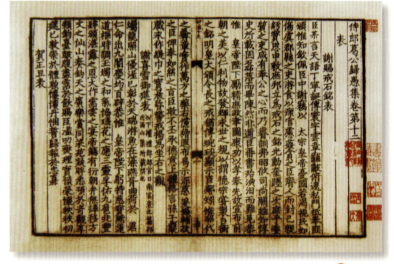

蝴蝶装

相关知识链接

装帧考究的线装书常用绢或绫锦包裹书角，起到美观、护书的作用。线装书质地柔软，易磨损破裂，多用木板或纸板制成书函加以保护。

二、西方书籍设计的发展历程

国外书籍设计同中国一样，也经历了一个漫长的发展过程，从其发展历史来看，大致可以分为三个阶段，即原始书籍装帧阶段、古代书籍装帧阶段和现代书籍设计阶段。其中，从公元前2500年至13世纪，中国的造纸术传入西方为原始的书籍装帧阶段，书籍装帧的材料大多取材于自然界的现成物质，如树叶、纸草、泥板等，后期出现了蜡书和羊皮书。蜡书和羊皮书的出现标志着书籍的发展又进入了新的阶段。中国的造纸术和印刷术传入西方以后，国外书籍装帧开始进入古代书籍装帧阶段。12世纪以后，以欧洲为中心的西方书籍设计又相继经历了古登堡时期和文艺复兴以及现代书籍设计阶段。

（一）古登堡时期

12世纪，欧洲的文艺复兴带来了对文化的大量需求，文化的广泛传播，使当时的书籍开始走出宗教领域的垄断而向专业化和大众化发展。13世纪后期，德国人古登堡发明了金属活字印刷技术，带来了书籍设计的革命，出现了平装本、袖珍本书籍，以及供王室使用的书籍。但是，这只是图书制作和印刷术的一次革命性改变，真正的书籍设计并没有因此形成。这一时期书籍还只是处在由手抄本向印刷本的过渡阶段，书籍无论是在内容还是形态上，依然延续着手抄本的痕迹，甚至印刷出来的书籍封面还要依靠手工绘制具有装饰性的字母和插图。

在造字工艺上，古登堡发明冲压字模，便于严格控制活字规格，方便大量铸字。

古登堡创造了适于金属活字印刷的脂肪性油墨代替水性墨，提高了印迹的清晰度。

（二）文艺复兴时期

16世纪以后，文艺复兴运动波及整个欧洲，人文主义者与印刷商、出版商紧密合作，积极探索新的书籍装帧形式。这时在欧洲出现了精装本形式的书籍，在装帧上借鉴古代简洁铭文的特征，并创造了优美的罗马字体。

在这一时期的书籍设计上，对书籍的内部设计意识进一步加强，开始有了版权页、扉页以及版心设计的概念。诸如不同形态和大小的字体与图形通常交互使用，形成了多层次的文本表现形式。印有出版商与地址的版权页与扉页开始成为书籍的固定形式。标点符号的运用与阿拉伯数字页码的使用在一定程度上方便了读者的阅读与查找。

（三）现代书籍设计时期

18世纪50年代，发源于英国的欧洲工业革命推动了印刷技术的变革，机械造纸机、转轮印刷机的发明和应用提升了印刷技术的进步。石印、摄影等技术的发展使书籍的图文质量和内容形式不断完善。

1860年以后，以威廉·莫里斯和约翰·拉斯金领导的"工艺美术运动"开创了书籍设计的新理念，其唯美主义思想推动了书籍设计革新的风潮。莫里斯在他的很多设计中大量采用装饰性字体以及纹饰，并且引用中世纪手抄本的设计理念，将文字、插图、活字印刷、版面构成等综合运用，开创了现代书籍整体性设计的先河。

19世纪末20世纪初，随着"现代美术运动"在西方设计领域的兴起，以及工业化大生产带来的日益增加的社会需求，也使设计为公众服务的功能不断加强。

20世纪，书籍已成为信息传达最主要的媒介，面对新的市场需求及其阅读受众，现代书籍设计也不断探索新的技术。随着锌版制造术、丝网技术以及胶版印

《吉奥弗雷乔叟作品集》(THE WORKS OF GEOGREY CHAUCER) 书籍扉页设计 英国 1896年 设计：威廉·莫里斯 印刷工场出版的杰出作品之一，采用装饰性字体、纹饰以及木刻插图，黑、红双色印刷，制作精美。

美国 设计：威尔·H布拉德利 杂志封面 "工艺美术运动"唯美主义思想推动了书籍设计革新的风潮。

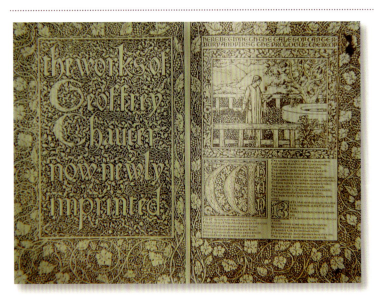

刷技术的发明与普及，为书籍设计带来了更广阔的发展空间，同时也标志着书籍设计进入了现代化阶段。

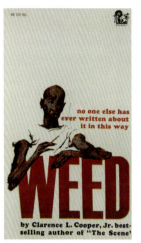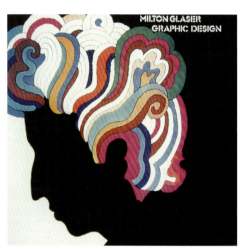

➡ WEED 书籍封面设计 1961 年 美国 设计：W.A. 史密斯　20 世纪 60 年代，照相制版技术在美国完善，取代了文字和插图拼版，为书籍设计带来了更广阔的发展空间。

➡➡《米尔顿·格拉塞：平面设计》 书籍封面及扉页设计 1973 年 美国 设计：米尔顿·格拉塞　格拉塞是美国"观念形象"的代表人物，他的设计风格多变，善于运用新技术、新观念进行设计。

第四节 书籍设计的目的

一、促进阅读

　　书籍设计最主要的目的就是为读者营造一个清晰、便利、轻松、愉悦的"阅读氛围"，使游弋于书页间的文字变得耐看，使跳跃在文字"团队"中的图形变得更加养眼。换言之，就是要将书稿的文字、图形、图像等诸要素有目的、有秩序、有组织地进行设计编排，把书本的文字信息用轻松、幽默、富有韵律感与节奏感的设计语言表达出来，以减轻读者的视觉疲劳，顺应读者心理，达到诱导读者阅读的目的。

⬅ 成功的书籍设计是把书本的文字信息用轻松、幽默、富有韵律感与节奏感的设计语言表达出来，达到促进阅读的目的。

二、保护书籍

书籍作为一种传承文化的载体是供人阅读和使用的，因此，书籍被生产出来之后不可能被束之高阁或被密封在书箱之中。它的功能属性决定了书籍必然要暴露在一定的时空之中，并在读者之间交流或传承。因此，对书籍的保护观念是不容忽视的。书籍的损毁主要由两个方面的因素造成：

↓ Gum2 设计：凯文·格雷迪／科林·梅特卡夫 书籍在装帧设计中从材质选择到工艺制作都经过了精心设计，附加技术采用硬纸板模切，穿孔，并在书籍的外部套上一个盒子，从而达到对书籍的有效保护。

（一）自然损耗

由于书籍在使用过程中极易受到紫外线及空气中酸（或碱）性物质的侵袭，从而使书籍颜色变旧发黄，材质上易脆易折。因此，在书籍形态设计和装帧材料的选择上要加以充分考虑。诸如运用封面的压膜工艺，既可防止紫外线的侵蚀，同时又防磨、防水，易于收藏。

（二）人为损耗

书籍在传阅过程中，极易造成人为损伤，如划伤、折断或撕裂等。为了保护书籍的完整性和延长它的使用寿命，应重视其封面对书体的保护作用。如根据开本大小与书体的厚度，可以考虑选用较厚克数的纸张或通过勒口、环衬等部分的设计来加固封面，保护书芯。在装帧设计中力求做到从材质到工艺全方位考量，以达到对书籍的有效保护。

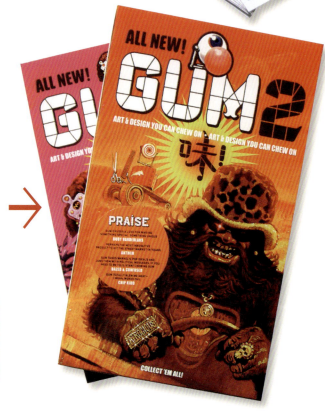

三、美化书籍

一本经过合理的、富有创造性设计的书籍，可以使其获得较理想的形态和较强的视觉冲击力。经过整体设计的图书可以将信息有层次、有节奏、有趣味地传递给读者，同时让其通过阅读产生美的遐想与共鸣，将作者的观点和涵养与设计师的美学理念于精神享受之中沁入读者的心灵。

四、提升附加值，促进销售

书籍设计在保护书籍、美化书籍，促进阅读的同时，还应具备促进销售的功能。一部书籍只有销售出去，并且获得读者的认可，才能实现书籍自身的价值。如果因为过度的设计投入而影响了书籍的正常销售和流通，那么书籍设计的价值也就无从体现了。

因此，在书籍设计的过程中，不仅要充分考虑图书的形态带给读者心理和生理上的实际感受，同时也要充分考量书籍的资金投入与实际经济效益的比差，以及由设计投入决定的图书价格与消费者承受能力之间的比差。

↑ Cecil Gee2007 春夏宣传册 创意新奇的书籍形态，将信息有层次、有节奏、清晰准确地传达给读者的同时，彰显了书籍的美感。

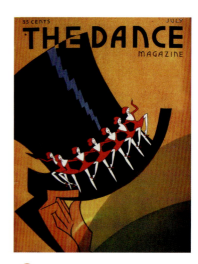

第五节 书籍设计师的职业准则

一、书籍设计原则

（一）装饰适度

任何事情都要讲求一个"度"，正所谓过犹不及。书籍设计也要讲求适度原则，缺少设计或过度设计都会对书籍的阅读与销售产生不良影响。缺少设计会使人感到枯涩、乏味、单调，不利于调动读者的阅读兴趣；反之，过度地装饰则会走到另一个极端——主次含混，干扰阅读。优秀的书籍设计师往往善于对"度"的把控。

（二）文质统一

书籍的设计不仅要充分体现设计形态的艺术性、独创性和风格特点，同时也要能够体现书籍的精神与内涵。文质统一的具体内容包括以下几个方面：

1. 文

"文"，即设计的形式。形式要从视觉感受出发，按照美学规律进行设计。艺术设计和纯艺术是有区别的，纯艺术不一定是求美，有时是为了审丑。但艺术设计则不然，它有唯美的倾向，是功能与形式的统一，内容与形式的和谐。

2. 质

"质"，即设计的内涵。对于书籍的创作而言，它应有一定的文化性与艺术性。这种内涵可能来自于民族文化、地域文化抑或时代精神与审美思潮。

3. 品

"品"，即设计的品位。在数字技术日益发达、信息传播方式日益多样化的今天，进行书籍设计时，一方面要避免片面地追求"曲高和寡"、"阳春白雪"式的设计形式，另一方面又要避

《舞蹈》杂志封面设计 设计：利塔·里奇 书籍设计应遵循装饰适度的原则。该书籍封面设计的图形、文字符号的运用恰到好处，幽默风趣的"爵士"图形的装饰风格，体现了生活的欢乐。

书籍设计从色调的把握到图形符号的运用，彰显出独特的艺术性与个性化风格，同时反映了图书的精神与内涵，达到了文与质的统一。

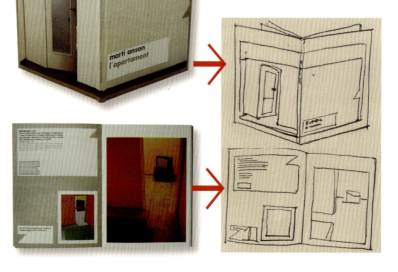

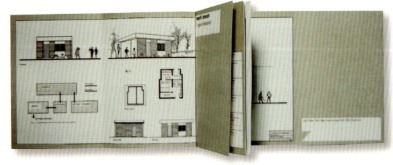

免一味地满足部分人庸俗的从众心理，对于书籍设计而言，应具有一种雅俗共赏的设计品位。

4. 法

"法"，即设计的技法与方法。通过掌握书籍设计的方法，使得文字的编排、图形的穿插张弛有度、聚散有法。法的内涵包括以下几个方面：

（1）遵循视觉规律，不能过度追求个人主义的表现欲望。

（2）充分考虑印刷工艺的可实施性，书籍设计不能游离于当代的印刷工艺而一味地求炫求奇，导致书籍脱离其实际的价值，而是要在印刷工艺及技术允许的范围之内，充分发挥设计师个人的创意。

（3）准确定位。

它包括三个方面：

人群定位。针对不同年龄阶段的人群对于书籍的需求进行准确定位（诸如针对儿童群体的书籍，从色彩、形式、图形元素的选择上尽量满足儿童的心理需求）。

属性定位。书籍的装帧形式作为书籍内容及其性质的一种外化，是其内涵的高度凝练与抽象。这种抽象化的视觉形态必须建立在对书籍属性及内容的理解和把握之上，否则就会造成书籍的设

《世界华人学者散文大系》书籍设计 封面寥寥几笔的莲蓬形象，表现出书籍的文化性与知识性，营造了清淡简洁、典雅大气、雅俗共赏的艺术品位。

《跟我学论语》儿童书籍设计 设计：张晓溪 这是一本供3～6岁儿童使用的书籍，书籍设计定位准确，适恰的书籍设计语言运用得灵活、生动，材质主体选用布为媒介，给孩子以舒适、安全的感觉。在书籍整体的设计上做到了"张弛有度、聚散有法"。

计形态与内容的名实不符。

市场定位。市场定位在某种程度上是针对同类书籍的竞争对手定位，一套书籍如何能够以装帧设计的手段在众多的书籍中脱颖而出，以精美的装帧来打动读者，进一步刺激其购买欲，从而使书籍设计能够在激烈的市场竞争中取胜，准确的市场定位是提升书籍卖点的重要方式。

（三）人性化趋势

书籍设计的终极目的不是为书籍穿上一套华丽的外衣，搔首弄姿、卖弄风情，而是要通过一种特定的具有艺术性和文化内涵的形式促进阅读。人是阅读的主体，如果不能满足人的需求，那么书籍设计就没有任何意义可言，为书籍设计付出的所有心血将毫无价值。因此，书籍设计还是要以人为本，这也是书籍设计的宗旨。接下来我们分别从形、色、质方面予以具体的分析：

1. 形

形在此处专指"图形"、"形象"、"形状"。首先，对于一本书的创作而言，除了要有必要的文字之外，还应配以符合其文字含义的图形符号，正所谓"图文搭配，阅览不累"，提升书籍的可读性。其次，从宏观上打造书籍的整体形象，增加读者的记忆力。再次，在书籍整体外部形态的设计上，应充分考虑携带、翻阅与安全等方面的因素，为读者提供最大的便捷性。

2. 色

色彩的运用要以柔和为主，不要过于绚丽，尤其版心的设计

更是如此，因为，一方面，版心的底色过于浓重、艳丽，既容易降低眼睛对于文字的识别度，又不易于图片的脱颖而出，在长时

↑ 《乐活情趣比拼　旅游淘宝指南》儿童系列书籍设计　为了减少书角对儿童可能造成的伤害，可对其作圆形化处理，注入人文关怀的情感。

💡 设计经验提示

对于儿童而言，他们在心理、生理以及审美偏爱等方面同成人存在着显著的区别，儿童的好奇心强，丰富绚烂的色彩有助于调动儿童愉悦的心理感受，如红、黄、蓝、绿、紫等颜色。因此，儿童类书籍设计应以鲜艳的色彩为主调。

对于青年人而言，一方面，由于青年人自身具有无限的青春活力与朝气，因此不需要过于浓艳的色彩的粉饰，另一方面，在快节奏的生活与工作状态下，各方面带来的压力也愈来愈大，这就使得青年人对于那些对比强烈或刺激性强的色彩，从内心产生一种排斥和抵触，此类色彩不能平抑他们内心的浮躁与压抑，而他们更钟情具有协调性的中性色彩（含灰的色彩），此类色彩不仅没有竞争感或刺激感，而且显得高雅柔和、平静舒适，更容易产生共鸣。

对于中老年人群而言，由于生活已历尽沧桑，从心理上来说，他们喜欢庄重大方、典雅柔和的颜色，从生理上来说，各种器官逐渐老化和衰退，直接影响了他们的视觉对于色彩的辨识度（尤其灰色系）。因此，针对此类人群的书籍色彩设计需要适当地穿插运用对比相对强烈且纯度较高的色彩，以提高他们对于书籍图文内容的识别性。

间的阅读过程中，强烈的色彩对比，容易造成视觉伤害，导致眼部不适，另一方面，不同色彩的文字虽然便于区分内容的主次，但是过多的色彩容易给读者带来一种视觉干扰，影响阅读的速度和效果。清淡柔和的内文底色视觉感较为舒适，因为这样的色彩在某种程度上减少了图与文的对比度，营造出一种柔和舒适的"气场"，从而达到缓解视觉疲劳的程度，使书籍不仅"养心"，而且"养眼"。

色彩的使用还具有特定的针对性。在进行书籍设计时，针对不同年龄段的人群，应采用不同的色彩规划，"投其所好，避其所忌"，充分考量各个受众阶层的心理需求。

3. 质

质在此专指"材质"、"质感"。在书籍的印刷中，不同类型的材质应用有着不同的质感体现，或光滑细腻、柔软轻便，或肌理粗糙、硬朗挺拔，或色调明艳、绚丽时尚，抑或色调高雅、稳重考究。材质的选择，也要根据不同人群、不同的书籍题材来确定，给读者带来与其心理相对应的视觉和触觉上的感受。

（四）个性化取向

个性化是设计师成为自己的基础，是新生命的体现。失去了个性，就失去了自我。书籍设计同样也要具有独特的个性，因为没有个性的设计作品是没有生命

↑ 书籍设计采用布面材质，不仅可以增强书籍的触觉感和视觉感，而且能够带给人一种温馨的感觉，同时，织物作为一种绿色材质，也有利于书籍的可持续发展。

➡ 《丹书铁券》设计：杨占鹏 特种材料的运用彰显了书籍硬朗挺拔的性格。

⬇ 奇思异想的个性化书籍设计，带给人极大的视觉冲击力和心理震撼力。

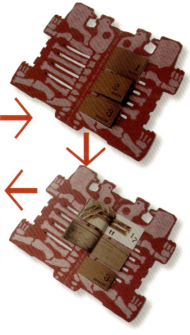

力的。探索个性化设计是设计师的第一要务。个性化设计并不是凭空臆造，而是建立在对设计客体进行战略性思考和技术性运作的基础之上的。

（五）民族性与时代性特征

当今，在书籍形态设计上很多设计师都倾向于民族性与时代感的统一。提倡民族性与传统性文化特色，并不是简单地照搬传统符号元素，直接绘上秦砖汉瓦、吉祥纹样，正如包豪斯的创始人沃尔特·格罗庇乌斯所说："真正的传统是不断前进的产物，它的本质是运动的，不是静止的，传统应该推动人们不断前进。"因而，传统设计的施行应是通过象征、比喻等手法，将其创造性地再现，使之转化为符合现代人审美的表现符号，含蓄委婉，耐人寻味。而时代性并不是将纷繁杂芜、良莠不齐的流行元素毫无

目的地堆砌叠加，而是通过精心筛选，合理运用。

设计者需要对所处时代的审美特征具备敏锐的感知力与反应力，设计作品要注重创新，所谓

⬆ 书籍封面设计整体含蓄，带有浓郁的日本本土文化气息。

⬇ SO LS OL ET 西班牙 书籍生动的图形符号、强烈的色彩表达、新颖别致的造型，尽显了西班牙人浪漫与幽默的性格，同时折射出一种浓郁的地中海风情。

创新是对民族传统文化精神的部分扬弃和改造，在对外来优秀文化的吸收与借鉴的基础上，强调鲜活的时代感与鲜明的民族性的协调统一，进而创造出风格独特、形式新颖的书籍设计作品。

（六）可持续发展

1987 年世界环境与发展委员会在《我们共同的未来》报告中，将可持续发展定义为："既能满足当代人的需要，又不对后代人满足其需要的能力构成危害的发展。"由此可见，可持续发展是人类幸福生活、永续发展的前提和保障。

对于书籍的创造而言，可持续发展要求从整体出发，以发展的眼光和动态的观念来设计书籍。传统的书籍很少关注生态性、环保性以及可持续发展性。目前，环境的问题已经成为制约当代社会发展的重要阻碍之一，人类每年要出版和消耗掉大量的书籍，同时这些书籍又以各种原因成为垃圾或废品。这些作为垃圾的书籍如何能够对环境不产生负面的影响，如何实现书籍的循环再利用，这一职责对于每一位书籍设计师而言是责无旁贷的。

一言以蔽之，在书籍的形态上，避免运用过多、过于浓烈的色彩和图式语言以及其他复杂的工艺。工艺越复杂，书籍的成本就越高，图形元素越发繁琐，就越是缺乏可读性，进而影响人的阅读兴趣。

⬇ 可回收的材质、简洁的印刷工艺表明了设计师越来越关注书籍的生态性、环保性以及可持续发展性，以发展的眼光和动态的观念来设计书籍。

⬇⬆ 设计：David Drummond 书籍从封面到扉页再到内文页的设计编排有序、节奏适度、疏密相宜，尽显秩序之美。

二、书籍的美学精神

艺术一直遵循着满足视觉美感和精神快感的表现形态，而设计则呈现出两个功能，即实用功能和审美功能。设计审美具体体现在如下几点：

1.秩序之美

在书籍设计领域，秩序之美是指各表现要素要有前后、有层次、有结构地共处于一个形态结构中。与绘画的感性美不同，这种美是经过精心设计的，编排有序、节奏适度、疏密相宜的视觉符号的运用，使书籍设计在和谐中能产生出超越知识信息的秩序美感。

2.和谐之美

如果说秩序之美是一种理性之美，那么，和谐之美则是一种感性之美。和谐之美是辩证存在的，它是一种相互对立又彼此统一的依偎关系。书籍设计的各设计要素之间也处于矛盾统一、多样协调的状态之中。和谐美是书籍美的本质属性，它反映在书籍的形式语言上应是封面、扉页、环衬、插图、色彩等设计元素的和谐，是书籍外部形态与内在结构的和谐，是图文的搭配、字号字体的选用、实与虚的对比等版式编排的和谐。

3. 本体之美

书籍的本体之美是书籍设计自身所具有的能让读者欣赏玩味的审美价值。它是一种构思之美、视觉之美，是一种富含文学意蕴的美。它是在对书稿充分理解的基础上，以独特的视角、巧妙的构思、别具一格的视觉符号表现出内文的精神内涵，从而体现书籍的形象之美。

4. 创意之美

创意是使书籍生生不息的生命源泉。书籍的创意之美要根据书籍的风格、题材，经过提炼、融汇、夸张等表现手法，使书籍的创意与生活相联、与心理相应、与意味相通，将书籍的精神内核予以升华，凭借有限的设计语言赋予书籍无限的韵味。

设计：Chip Kidd　书籍的封面、内页的设计元素与设计风格相得益彰、整体统一，体现了和谐之美。

《黑与白》　设计：吕敬人　除封面封底设计新颖别致，内页设计更是富有特色，袋鼠在页面间跳跃，带有浓郁的地域特点与风格，一黑一白的色彩强烈对比，象征着澳洲土著黑人与白人文化的冲突与矛盾。"黑"与"白"书名文字若虚若实的处理，在含蓄中加强了书籍形象的张力，既不脱离原著本身，又延伸拓展了原著的思想内涵，充分彰显了书籍的本体之美。

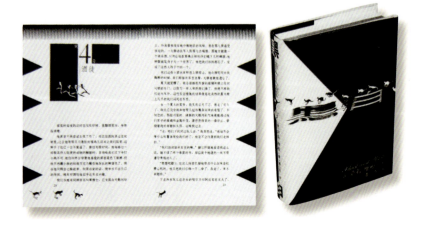

5. 技艺之美

优秀的书籍设计师除了要注重发挥材质本身的美之外，同时还应注重工艺技巧的美，精良的工艺对于提升书籍的质量与品位也是至关重要的。对于书籍设计师而言，必须掌握并精通书籍的制作工艺与流程，这不仅是设计实践的必要环节，是构成书籍之美的关键部分，同时也是构成书籍的一种独具表现力的语言。另外，精良的工艺和技术亦可有效地拓展和延伸设计者的艺术构思、形态创造以及构建审美的趣味性。

此套书籍设计令人耳目一新，尽显了书籍的创意之美，不仅具有审美性，而且兼备较强的功能性。

纸张的性格与技术工艺完美结合，彰显了书籍的整体"气质"。

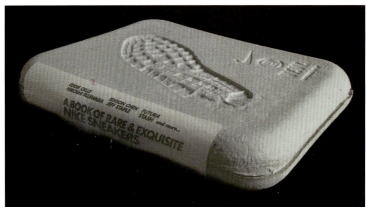

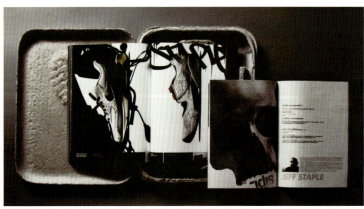

■ 项目名称：HOW TO MAKE EVERYTHING

■ 设　　计：Volume 有限公司

　　书籍从封面到封底，从目录页到内文页各个部分的设计，都彰显了一气呵成的整体性与连贯性、功能性与可读性。除此之外，这本书的设计在材质上充分考虑到环保问题，选用了褐色的再生纸。

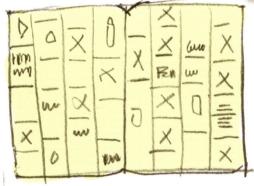
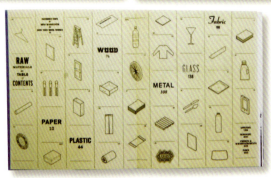

 内页编排设计草图

 封面设计草图

 书籍印刷成品

思考与练习

- 思考书籍设计的目的及其设计原则。
- 比较当今书籍与早期的书籍在形态构成与功能方面的异同。
- 分析纸张、文字和印刷技术三者对书籍设计的影响。
- 分析当代中西方书籍设计的特点。
- 设计主题：《我又不是一个人》书籍设计
  设　　计：朱　雯
  指导教师：蒋　琨

讲评

　　《我又不是一个人》体现了书籍设计的艺术性、创造性和审美性。该书籍通过鲜明的视觉形象，清雅明快的色彩搭配，含蓄而不张扬、整体而不失局部的雕琢，达到了功能与形式的统一，尽显书籍的个性化风格，昭示了作者单纯的梦想与希望，以及无限扩展的可能性，寄予了作者对美好生活的憧憬。

BOOK DESIGN 2

建构整体的书籍设计体系

第二章 建构整体的书籍设计体系

导言：书籍设计的整体形态是立体的、多层次的、多角度的。欣赏一本优秀的书籍犹如欣赏罗丹的雕塑一样，无论从哪个角度观瞻都是那么美，那么震撼人心。其实，书籍设计与雕塑艺术有着异曲同工之妙，书籍同样也是让人从多方位、多角度欣赏的艺术品。

书籍设计并非是对书的表皮化妆，也绝不仅限于对图形符号的编排，而是一种内外兼顾、形神兼备的生命体。书籍设计是具有多层意涵的，这种多层意涵也规定了书籍设计的多层性要求，诸如由表及里、层层深入，然后渐入佳境。另外，还要求设计者在设计过程中对内容进行理性梳理，对诸要素进行精心提炼，悉心运用，从而把精致优美的封面、勒口、环衬、扉页、内文直至封底，依次展现在读者眼前，使设计作品具备核心的扩张力，把一种"神"贯穿到书籍设计的始终，让读者在动态的阅读中体味书籍的魅力与风采。

本章重点

■ 书籍封面、书脊、封底之间的关系
■ 扉页在书籍设计中的应用

第一节 书籍的外观设计

书籍外观之于书籍如同衣服之于人一样，新潮时尚、打扮得体的衣服不仅能够提升人的风度和气质，同时亦能展现一个人独特的内在气质。那么对于书籍的外观而言，它是书籍内容的形态物化，是读者最先接触到的视觉形象。书籍的外观设计除对书籍内容具有识别意义外，它的形式、格调也能于潜移默化中影响和感染读者，使其一见倾心，回味无穷。

书籍的外观设计包括书套、护封、封面、书脊、封底、腰封等部分的设计。

新潮时尚的书籍外观设计，凸显了书籍的时代性，它的形式、格调也在潜移默化地感染着读者。

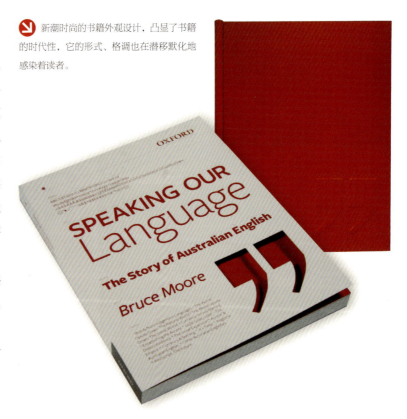

⬆ **书籍外观设计** 构思新颖、创意独特的书籍外观设计是吸引读者注意力和提升书籍美誉度的关键因素。此书在外观设计上一反传统的设计方式，另辟蹊径、独具匠心，开拓了一种新的书籍设计形式。

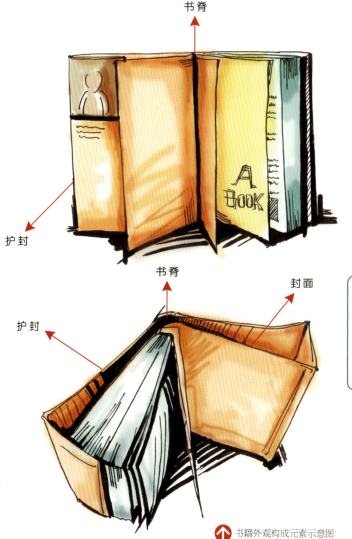

⬆ 书籍外观构成元素示意图

一、书籍的书套和护封设计

（一）书套

书套是存放古籍线装书或成套书外面的包壳，是书籍的保护性装饰物，亦称"书函"、"函套"、"书衣"、"书帙"。书套泛指书籍的各种护装形式，一般用厚纸板或木片作里子，外层裱以布或丝织物（如绫或织锦缎）等。比较讲究的书套会在开启之

相关知识链接

书套主要分为两种形式，即四合套和六合套。四合套是将书四面护装，又称半包式；六套装是将书六面护装，又称全包式。

书套设计最初是出于保护书籍的目的，但随着书籍设计的发展，它的功能也从单一的物质功能向精神功能嬗变，呈现出二元合一的特征，即书套在保护书籍的同时，亦可提升书籍设计的美感。该书籍设计将书套与传统图案相结合，古今交融，相得益彰，是功能与审美的高度统一。

中国古代书套设计

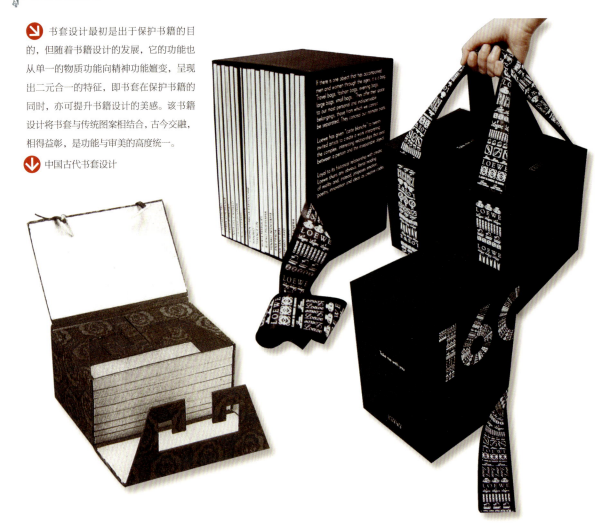

处，挖成云形、环形或月牙形，扣住的地方通常使用竹签或骨签等材料制成。

（二）护封

护封指套在书籍封面外边的包封纸，即包在封面外的另一张外封面。护封是由前封、后封、书脊、前勒口和后勒口组成，又称"包封"、"封套"、"外封面"、"护书纸"等，具有保护封面（避免书籍弄脏、磨损或褪色）和装饰作用。护封常用于精装书，少数平装书也使用护封，称为"假精装"。

1. 护封的使用

就精装书籍的封面而言，由于受皮革、亚麻布以及漆布等装帧材质及其复杂的印刷工艺等诸多条件的限制，其封面形式一般只能以简洁的形式处理，而不能像平装书的封面那样，运用各种复杂的印刷技巧来表现复杂的画面。为突破精装书籍封面在彰显和传达书籍内容方面存在的局限，通常为精装书籍增加护封，可以弥补精装书籍封面在表现形式上的不足，从而达到与平装书籍一样精美的表现效果，同时亦

《火烈鸟》 阿拉加诺夫 美国 护封的设计突破了精装书籍封面在传达书籍内容方面存在的局限，弥补精装书籍封面在表现形式上的不足，从而达到与平装书籍一样精美的表现效果。

可充分显示书的内容与设计者的装帧设计理念。一般而言，文学类、艺术类的书籍，尤其是经典名著通常采用护封。

2. 护封的设计

依据包裹书籍面域的大小，护封可以分为全护封与半护封两种类型，以对书籍起到保护和装饰的作用。有些书籍的护封是不添加任何装饰的，纯粹为了保护书籍而设置，仅印有书名、作者名及出版社名，显得朴素大方。通常护封的勒口处刊登书籍的内容提要、作者简介或出版信息等

内容，以加强书籍的广告效应。

护封是书籍的外衣，除了有保护作用外，更主要的作用是宣传，也就是一本书的小型广告，因此，护封应该有广告效果。但是，护封宣传效果的有效距离，与大街上的广告墙或广告柱上的海报不同，它是摆在橱窗里的体积较小的印刷品，有 2～3 米的距离就可以了。护封与一般的绘画创作也不同，它是从属于书籍的，是反映书籍的内容、性质和精神的，离开了书籍，就谈不上护封设计。因此，护封的设计应该考虑到文化性质，它不同于效果强烈的商品广告画，也不同于独立的绘画创作，而是能体现书籍内容精神，能给人以艺术的享受和读书之乐的设计作品。

祖父江慎 这是一本关于葡萄酒的书，随着读者的翻阅，书脊处镂空出了两个卡通人物干杯亲吻的画面。整个护封设计巧妙独特、含蓄低调，凸显了书籍的内容与精神。

二、封面设计

封面亦称"书皮"、"书面"、"封皮"，古代又名"书衣"，是构成书籍的重要部分，是书籍的外表，兼有保护书芯和美化书籍的作用。

书籍的封面是书籍的面貌情态，凝练了书籍的内在精神，亦是书籍设计的起点。整本书籍的风格与品质、符号与色彩均随其演化而生。设计者要善于运用恰当的设计语言，为书籍封面打造生动的表情，达到让读者一见钟情的效果。对于系列丛书的封面设计，要将书籍的主体风格贯穿始终，既要保持单本书与整套书

相关知识链接

 狭义

 广义

封面可以从广义与狭义两方面理解：从广义方面讲，封面的概念是相对于内页设计而言，指包裹在书籍外部的整体，其中包括封面、封底、书脊、勒口等组成部分；从狭义方面讲，封面的概念是相对于封底、书脊、勒口而言，可理解为封一，是包裹在书籍正面的部分。

籍的和谐统一，又要凸显其独特的风格。

（一）封面设计的表达方式

闻一多曾说："美的封面可以引起购书者的注意；美的封面可以使存书者因爱惜封面而加倍保存本书；美的封面可以使读者心怡气平，容易消化本书的内容。"由此可知，优美的封面对书籍的重要意义。由于审美的多元化，封面之美的形式也不尽相同，归纳起来大致有以下几种倾向：

1. 错彩镂金、雕缋满眼的繁复之美

这是一种华丽繁复之美，犹如楚墓之图案及楚文之辞藻，亦如魏晋诗文、唐宋建筑均带有一种绮丽的奢华之美。书籍的繁复之美是众多创意独特、美轮美奂的图形元素经设计师巧妙编排后展现出的顾盼映带的关系。以这种表现手法设计的佳作具有一种"稠叠而不崩塞，实中有虚"的意境。

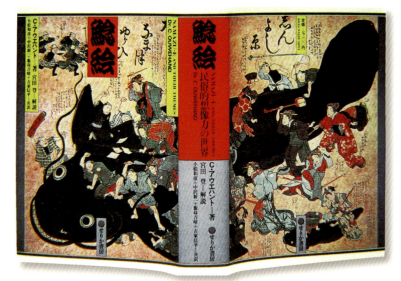

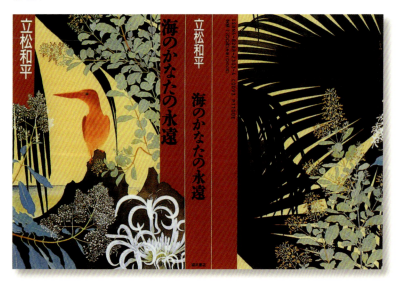

⬆⬆ 作为书籍精神的视觉物化形态，看似随意的图形符号和图式语言，其实质上都是对书籍内容的彰显。在封面设计时，无论形态的创造、色彩的选择，都要注意与主题的呼应关系。

⬆ 书籍设计体现出一种错彩镂金、雕缋满眼的繁复之美。

⬅ 美轮美奂的图形元素经设计师巧妙编排后展现出了杂多中的统一与协调、顾盼映带，具有一种"稠叠而不崩塞，实中有虚"的意境。

2. 洗尽铅华、自然简淡的平实之美

简是简练，是艺术创作中的"减法"法则。平实（之美）不是平庸，它是不尚辞藻的自然之美。

古人对平淡素净之美推崇备至，清代李渔在《闲情偶寄》中载："宜简，不宜繁；宜自然，不宜雕琢。" 在当代，也有设计师认为，最好的设计就是"没有设计"。但没有设计并不是不要设计，设计依然存在着，只是设计的理念改变了，是通过悉心策划，使设计成为一种"刻意设计的非设计"，但在受众看来是自然天成的、平和简淡的，这是设计的最高境界。正如有人问著名的建筑设计大师张开济先生："您一生中最满意的作品是什么？"张先生回答道："天安门城楼前的观礼台，与天安门城楼有机融为一体，看不出来是后来增设的。"书籍设计亦是如此，装帧设计应该成为书籍的整体，而不应是书籍的附属品，使书籍的形态设计能与书籍的内容和属性相互观照、和谐统一，在简洁中透出素雅之美。

🔽 雪岱装帧 书籍设计单纯的色彩、简洁的图形，貌似平淡，却深厚含蕴，彰显出耐人寻味而不平庸的平实之美。

➡️ SHOOPY AROUND THE WORLD 日本 设计：Takashi Kobayashi 书籍封面文字编排简洁巧妙，与图形元素相得益彰，凸显自然可爱的书籍之美。

↗️ 书籍设计简洁平实且创意独特

3. 平中见奇、常中见险的创意之美

艺术贵在创新，难在创新，而新就是奇的别名，所以艺术家常常通过奇特的组合来创造美。好奇之心人人有之，因为这一创作方法，最易吸引读者，并可引发读者诸多的联想和兴趣。

此套书籍设计的独具匠心之处在于组合观赏的视觉感受，这也正是设计者的创新点，为读者展示了超越空间的系列书籍设计作品，使人产生强烈的视觉冲击与心理震撼力。

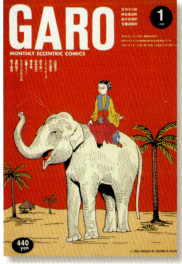

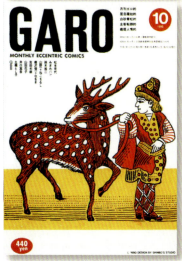
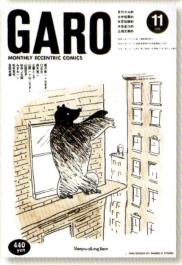

《GARO》杂志设计 书名醒目突出，具有较强的识别性。

（二）封面设计的基本特征

1. 文字的固定性与醒目性

在封面设计中通常要出现书名（根据需要有时还有丛书名）、作者名、出版社名等文字。封面上书籍的主题（书名）要鲜明、突出，切勿淹没于底色之中，因此，可以通过色彩的明度对比、纯度对比、冷暖对比、面积对比，来提升书名的醒目性与识别性。

2. 内容的从属性与相对独立性

❶ 封面设计有别于绘画创作的那种完全的独立性，它是一种"命题作文"，要受到书稿题材、体裁、风格等因素的制约。

❷ 虽然封面的形式要服从于书的内容，但它也有相对的独立性，有其自身存在的价值。封面设计要在方寸之间体现书籍的特性，在有限的空间内诱发读者丰富的联想，满足其审美需求，必须注重艺术构思。封面设计的构思方法可采用象征、抽象、想象、探索、舍弃等方式，设计构思要含有一种内在的感情，既要有曲折，又要有隐晦，不能直截了当地看文作画，那只是低级的图解，而失去了封面设计的艺术价值和艺术情趣。

◀ 书籍的设计构思含有一种内在的情感，既曲折又隐晦。书籍封面以灰色的音符作为底图与红色的文字形成了鲜明的对比，不仅使封面设计契合书籍内容，同时诱发读者丰富的联想。

◀ 书籍设计简淡素雅，装帧形式别具一格，突出了书籍诉求的主题思想。

❸ 审美视点的多元性

　　书对人的吸引是一个由远及近、由表及里的过程。书籍的封面既要具有对几米以外的读者的感召力，又要适合近在咫尺读者欣赏，更要调动读者把书拿在手中反复品味的情趣。由于人与书之间合适视点距离的多元性，而产生了书籍审美合适视点的多元性。

❹ 观照整体的连贯性

　　书籍的立体结构决定了封面必然处在一个经常辗转的运动状态，因此，封面设计必须从整体的角度出发去观照封底、书脊、环衬、扉页、插图及内文版式等部分。只有整体地构想和宏观地统筹，才能使设计风格融会贯通、内外协调，创造出完美和谐的封面。

↙↙ 富有表现力的插图设计以及典雅的色彩运用，加之出色的材料选择，加强了书籍与众不同的个性。另外，封面、内页的设计风格统一，形成了一种内在的整体性与连贯性。

↓ 封面设计色彩丰富靓丽、图形自然活泼，无论远看还是近观皆有景致。

设计经验提示

由于处于阴暗的底面常年与书桌亲密接触，因此封底是最容易被设计者忽视的部分。在设计时，应充分考虑封底与封面、书脊三度空间的延续性，采取统一规划和布局，以呈现主旋律的重复与变奏，与整体基调协调统一。

三、封底设计

封底是书的最后一面，亦称"底封面"、"后封面"、"封四"。封底通常印有书号、条形码、定价等内容，有些书籍封底还会出现责任编辑、装帧设计者姓名，抑或在显著位置印有内容提要或版权页。一些期刊会刊登广告、美术作品等内容。

四、书脊设计

书脊是书籍的脊梁，是封面与封底的连接部分，是构成一本完整书籍的中枢区域，在整个书籍设计中起着举足轻重的作用。书脊又称"书背"、"背脊"、"封脊"等。

摆放在书柜或书架中的图书中，书脊是展示时间最长、与读者照面最多的部分，其作用不亚于封面，书脊最直接的作用就是告诉读者"我在这儿"。优秀的书脊设计能起到画龙点睛、锦上添花的效果。故而，设计者应充分利用这一狭窄的空间传达有效

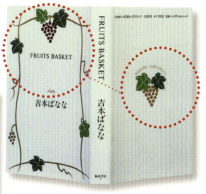

封底设计是书籍整体设计的重要组成部分，同时也是封面、书脊设计的延伸，在书籍设计时必须注重这三者的统一。书籍的封底设计借用封面设计的元素，与封面形成了一种相互观照、前后呼应的关系。

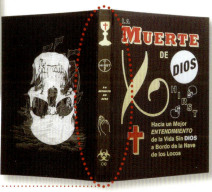

书脊的表现形式是多元化的，既可以通过印刷求得与封面、封底的一致性，又可以采用刺绣的方式，将书名绣在书脊上，来强化书籍设计的个性化风格。

个性化的书脊设计

设计经验提示

通常，厚度在 5mm（三个印张）以上的书脊都可印有书名、册次、卷（集）、作者名及出版社名，有些书脊较厚的书籍还会印有与内容相呼应的装饰图案。如厚度小于 5mm，可用骑马订装订。

的信息，通过文字符号与图形符号的精心创意，以期达到实用性与审美性的完美统一。

五、腰封设计

腰封是护封的衍生品，包裹在书籍封面外部的带状物，长度仅到书籍的腰部，亦称"半护封"、"封腰"。腰封的使用可增加书籍的美感与主题的诉求，补充封面表现的不足。此外，还可以进一步加强对书籍的保护作用。腰封的使用要依据书籍的风格而定，不可臆造，否则会画蛇添足，适得其反。

腰封承载的内容可以是作者介绍、书籍的内容简介、内容推介、条形码与出版社名称等。

↑ 书脊设计延伸了封面与封底的图形，加之醒目的书名设计，产生了视觉的层次感。书脊设计精彩之处在于"北冬书房"及与之相映的图形处理，起到了画龙点睛的作用。

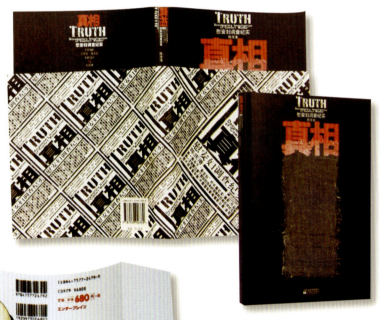

↑ 腰封设计是书籍封面设计的视觉延伸和信息补充，腰封在设计上要力求与封面成为和谐的整体，相互观照。

← 《真夜中的弥次先生与喜多先生》 设计：祖父江慎　腰封设计延续了封面的人物形象，其设计构思幽默诙谐，并将诸元素巧妙结合，构成了视觉趣味性。另外，腰封还承载了书籍封面没有表达的书籍信息，内容丰富而有秩序。

第二节 书籍的内部设计

书籍内部设计是书籍外观设计风格的延续。在读者的动态翻阅中，书籍的内部元素粉墨登场，通过巧妙的构思与设计，赋予书籍内部诸元素以生机与活力，循序渐进地深化着读者的印象，让读者深刻地感受到在有限的方寸之地所包含的无限意蕴。

▼ 书籍内部元素构成示意图

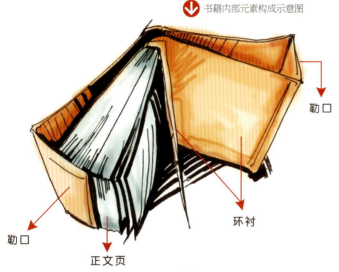

勒口

环衬

正文页

勒口

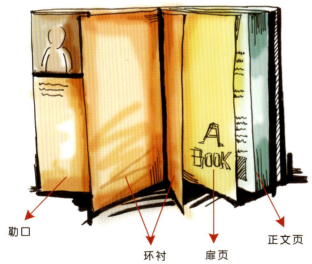

勒口

环衬　扉页　正文页

设计经验提示

勒口的宽度要把握好一定的尺度，过宽过窄都是不提倡的。一般勒口的宽度可依照封面的宽度而设定，通常是封面宽度的二分之一左右最为适宜。如果必须在宽与窄之间择其一的话，要宁宽勿窄，宽一点会增加书籍的设计感，显得大方、高档，如果过窄则会使书籍变得小气、简单。

一、勒口设计

勒口亦称"折口"，是指书籍的封面和封底的翻口处延长出来的若干厘米折向书里的部分。勒口本身有"约束"、"统帅"之意。通常，护封的设计必须要有勒口，它可使护封紧紧地附在封面上。另外，为了达到美观与保护封面免受折损的目的，一些平装书的封面设计也使用勒口，这样不仅使书籍变得高雅华贵，提升了书籍的档次，同时扩展了书籍的表现力，增加了观赏性与趣味性。

勒口处承载的信息是极其丰富、有效的。首先，可在勒口处印有作者的简介或书籍的内容提要，使读者能在极短的时间内熟悉书籍的核心信息，达到较强的时效性。其次，勒口处还可刊登系列丛书的书目或书籍作者的其他新书书目，给读者提供更多的选择。第三，为适应书籍封面设计的整体效果，设计者与责任编辑的姓名或条形码与定价往往不出现在封面上，而选择在勒口处出现。另外，当勒口仅仅是作为一种装饰与求美而设计的，它的装饰符号将直接延伸封面的图形，或者，设计一些与整本书匹配的有趣的图形符号，在设计者的精心雕琢下尽显书籍的趣味性与可读性，使读者在动态的阅读中得到心理与生理的满足。

⬆ 勒口往往是作为一种装饰与求美而设计的。该书籍的勒口设计的图形符号直接延伸封面的图形，在设计者的精心雕琢下尽显书籍的整体性与趣味性，使读者在动态的阅读中得到审美的满足。

二、环衬设计

在书籍的封面与书芯之间，有一张连接封面与内页的对折双连页纸，一般称之为"连环衬页"，简称"环衬"。环衬是精装书不可或缺的部分，一般使用较厚的纸张，如胶版纸或书皮纸等，起到加固书芯的作用。此外，作为封面到正文的过渡页，环衬是一种视觉的补充与陪衬，进一步强化对封面主体形象的记忆度，在进行构图与创意构思的过程中应严谨地把控分寸，而不能喧宾夺主。

设计之美不仅仅体现于设计的本身，更重要的是存在于各种元素和谐统一的关系之间。环衬的设计亦是如此，它不仅要与书籍的内容和性质相统一，同时亦要充分考虑与书籍的封面设计相协调。环衬作为书籍的整体元素

⬆ 环衬设计起到加固书芯的作用

之一，其自身之美并不是孤立和静止存在的，而是必须与书籍设计的整体效果相呼应的。如果脱离了与整体的呼应关系，与书籍的精神和内涵格格不入，环衬就会成为游离于书籍设计系统之外的艺术碎片，最终也会丧失其存在的价值与意义。

相关知识链接

　　环衬是封面和封底与书芯间的隔页，位于封面之后、扉页之前的环衬称为"前环衬"，位于封底之前、书芯之后的环衬称为"后环衬"。环衬一面贴在封面或封底朝内的一面，另一面贴牢书芯，像蝴蝶的翅膀，亦称"蝴蝶页"。

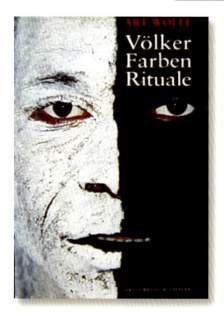

⬆ 环衬的形象是封面形象的延续，因此，环衬设计无论是图形元素的创意，抑或是色彩的选用，都要与封面形态相呼应。

三、扉页设计

　　与封面设计相同，扉页设计也有广义与狭义之分。

　　从广义方面讲，扉页是指一系列的"扉页体系"，通常由8个页码组成，即护页、空白页、书名页（正扉页）、版权页、赠献页（题词、感谢语）、空白页、目录页、目录续页或空白页。这种系列扉页常常应用于制作精良的专业图书。

　　从狭义方面讲，扉页犹如门面里的屏风，是指封面或环衬后、正文前的那一页，亦称"书名页"、"副封面"或"内封面"，通常印有书名、作者名、出版社名。扉页除了保护书芯、再现封面、增加美感外，还具有补充封面的作用。一般而言，扉页上出现的内容较之封面内容更详尽。扉页是连接封面与书芯的桥梁，设计时既要保持节奏与韵律，又要考虑统一与变化，遵循字体选择适当、字号运用恰当、位置放置有序的设计原则，引导读者有层次、有顺序地阅读，从而，探究作品的意蕴。

扉页的设置是现代书籍设计不断发展的需要。一本内容很好的书如果缺少扉页，犹如白玉之瑕。随着人类文化的不断进步，人们审美水平逐步提高，扉页设计越来越受到人们的重视，真正优秀的书籍应该仔细设计书前、书后的扉页，使设计至臻完美，以满足读者的要求。

扉页是联系封面与书芯的桥梁和纽带，在设计上要体现出与封面的一致性和关联性，彰显出与封面的辉映关系。

四、正文页设计

正文设计可理解为正文的版式设计，它是书籍设计的又一重要组成部分，从某种程度上讲，正文页的设计甚至比封面设计更重要，它是书籍的主体部分，与读者接触时间最长，直接影响到

相关知识链接

扉页的背面称为"扉背"。扉背可以是白页，也可印刷一些需要的文字，如印上书籍（丛书）编委会人员姓名或撰写者的姓名等，同时也可作为版权页。

随着人类文化的不断进步、审美水平的提高，扉页设计越来越受到人们重视。

读者对书籍内容的阅读效率。正文页的设计应有条不紊地处理书籍内容的各个部分，如版心的位置，文字、图形、页码及页眉等视觉元素之间的关系，并对其进行合理的编排，在视觉上为读者营造一种轻松、愉悦的阅读氛围。

正文页的设计与封面交相呼应，正文页的各构成视觉元素编排合理，秩序井然，在视觉上为读者营造一种轻松、愉悦的阅读氛围。

（一）正文页设计的要求

正文页设计的基本要求是统一与变化。如若过分整齐划一，将使得版面呆板、拘谨，了然无趣；过分追求多变与活跃，会使得页面花哨、凌乱，缺乏秩序感。因此，在正文页的编排时，应力求统一中有变化，变化中求统一，使页面呈现出虚实相生、繁简适度的节奏感和韵律感。

（二）正文页的三大主角

标题、正文与页码是正文页设计中的三大主角，其设计的好坏直接关系到正文页设计的成败。

↗ → Das Vierte Buch 年鉴设计
正文页与封面的设计风格一脉相承，而且具有韵律感和节奏感。

 ↑ → 草图设计阶段

↑ → 统一中有变化，变化中求得了统一，使页面呈现出繁简适度的节奏感和韵律感。

↓ ↓ 页面的标题、正文与页码的设计，风格协调统一，具有较强的识别性，对于提升书籍设计的整体质量起到事半功倍的效果。

标题

正文

页码

（三）正文页的版心设计

版心是书籍版面容纳文字或图形的面积，亦称"版口"。版心在版面中的面积大小与书籍的种类、体裁有关，并直接关系到版式的美丑与纸张的节约。

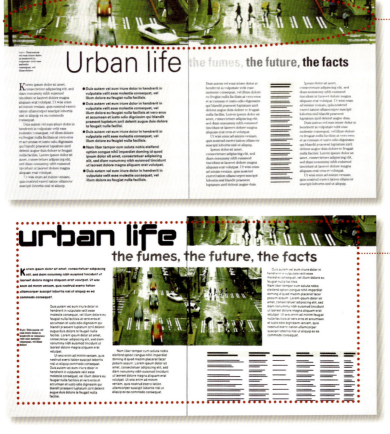

版心在设计上应灵活处理，可以根据图片的需要出现超越版心的设计，做到"因需而设计"。

设计类的工具书籍自身的插图就具有较强的视觉性，因此版心的设计应尽量规整一些，以简洁一致的形式突出书籍内容的丰富性。

设计经验提示

一般而言，理论类书籍版心四周的空白留得宽一点，以便于读者阅读，并随时在空白处批注心得，而字典、年鉴之类的书籍，空白可留得窄一些，以便多容纳一些插图和文字，减少书的厚度。

经典案例解析

■ 项目名称：《漫画兔的玩笑》

■ 设　　计：龙　腾

　　《漫画兔的玩笑》的每一个细节都流露出都市生活的压力和人间万象，无论从封面、书脊到封底，还是从扉页到正文，在设计过程中每一个细节都暗含了装帧设计的整体性，以及细节处理的精细性与层次性，书籍构成要素之间相辅相成、交相辉映，为受众呈现出读之有趣、受之有益的书籍作品。

护封

书脊

护封

封面　　　　扉页　　　　内页

内面

封面

封面

扉页

扉页

封面

思考与练习

■ 思考书籍是由哪几部分构成的，及其它们在书籍设计中发挥何种作用。

■ 依据本章所学内容设计一本书籍封面。

■ 设计一套与书籍封面风格辉映的内文页及随书光盘。

■ 设计主题：《几米空间——几米漫画作品集》书籍设计

    设　　计：甘　娜

    指导教师：蒋　琨

讲评

　　《几米空间——几米漫画作品集》书籍设计作业，创意新颖、构思巧妙，设计风格契合主题，能够很好地传达书籍的思想与内涵。从书籍的封面到内页，再到与之相配的附加设计一以贯之、一气呵成，彰显了书籍的整体性与连贯性。

↑ 封面、腰封设计　　　　　　↑ 书籍展示效果图

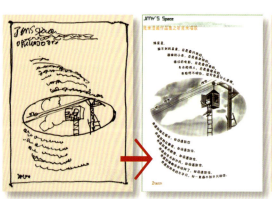

↑ 内页编排设计　　　　　　↑ 目录设计

BOOK DESIGN 3

书籍设计的视觉形态组合

第三章 书籍设计的视觉形态组合

　　导言：书籍不仅是用来承载文化和传承文化的载体，同时亦应该是一件艺术品，书籍设计应该是功能与形式的二元统一。因此，在设计过程中既不能只注重功能性，又不可偏执于形式主义。优秀的书籍设计是以适宜的视觉形态来聚合书籍内容的主旋律，探究书籍内容深层次的精神内涵，达到形与质、意与境的完美统一，在引导读者便利、愉悦阅读的同时，亦能使读者在无尽的书籍美感中回味、徜徉，从而构建了书籍形态的整体之美。在书籍的整体视觉形态设计过程中，如果将设计者喻作导演，那么文字、图形图像、色彩等书籍设计的视觉形态要素就如同演员，在导演的精心编导下，让这些角色的性格栩栩如生地展现在读者面前。

本章重点

■ 文字与书籍风格的一致性
■ 图形符号在书籍设计中的应用
■ 色彩在书籍设计中的功能

第一节 书籍的文字编排

　　文字作为书籍设计的主要组成要素和信息载体，它的存在不仅是向读者传递书籍内容和信息的载体，同时文字还以特殊的视觉方式起到传递书籍情感的作用，对于读者的阅读速度、阅读情感等都起到举足轻重的作用。适当合理、井然有序的文字编排在某种程度上可以引领读者轻松愉快地阅读，反之则会使读者产生沉闷、乏味和疲劳之感。因而，在书籍设计中，文字的编排，字体的选择，字号的确定，行距、字距的安排，文字放置的空间规划，都会给读者带来不同的阅读体验和感受。在此要充分挖掘文字设计与编排中的内在潜质。

以独特、时尚的文字编排形式吸引读者的关注。

具有节奏感、韵律感、趣味感和美感的文字设计与编排，会为读者在书海中提供轻松、愉悦、诗意一般的栖息地，让其在不经意间获得"读之有趣，受之有益"的快乐与享受。

在具体的书籍设计实践中，文字的字体、字号、风格、形式组合一旦确定，就应贯穿始终，为读者营造一种视觉及心理的规则与秩序，而不应随意变化和更改，以避免杂乱、纷繁的无序感，影响信息传递的速度与效果。

↓ 封面的文字形式延用到书籍的内文页标题文字，使读者产生较强心理链接，内页合理有序的文字编排兼具有节奏感与韵律感，能引领读者轻松愉快地阅读。

一、字体、字号、字距、行距

（一）字体类别及其特征

字体是指拥有相同的视觉形式的文字符号，同一种字体有着相同的血缘关系与形态特征。

在书籍设计的版式中，字体种类的选择应把握一定的度，即字体的种类要适度，不可过多，亦不要太少。字体种类过多，易使书籍界面显得繁琐杂乱，不仅会分散读者的注意力，同时由于字体种类的频繁转换也可能造成

视觉疲劳；反之，字体种类过少，则版面显得单调，缺乏趣味。

1. 中文字体

当前，在书籍设计中可供选择的字体多种多样，令人目不暇接。但归纳起来大致可分为如下几类：宋体、黑体、楷体、综艺体、等线体、书法体等。下面，就每种字体的字形特征作分项解析。

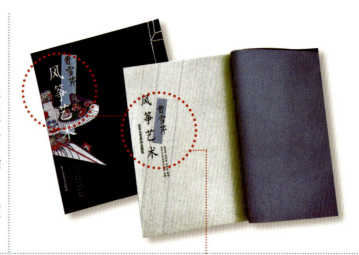

❶ 宋体

宋体是书籍设计最常用、最规范的汉字印刷字体。其字形以挺拔秀丽、结构匀称、美观大方、舒展自然、便于阅读而著称。宋体字的笔画具有"横细竖粗，撇如刀，捺如扫，点如瓜子"的特征，适用于各种书籍的正文、说明文等。

随着印刷以及审美的需要，在字体的发展演进过程中以宋体为蓝本还衍化出许多新型的字体，如标宋、书宋、报宋和仿宋等。

❷ 黑体

黑体又称"方黑"、"方体"，同宋体一样也是常用的规范字体。其字形特征以结构严谨、刚健有力、庄重典雅，具有强烈的视觉冲击力与心理震撼力而著称。其笔画特点是粗细一致，起笔与落笔均方头、方尾。一般而言，由于笔画较为粗大，设置小号不易辨认，故黑体不宜用做正文文字，而常用做标题文字。

由黑体派生出来的字体有粗黑、大黑、中黑、美黑等。

❸ 楷体

楷体是书法体中的楷书在印刷字体中的延续，笔画清晰，易读性较高。由于其风格古朴典雅、端正规范、婉转圆润，故多用于体现中国传统文化内涵的书籍，以传递其内在的韵味与品质。楷体常用做正文，尤以诗歌、散文、序、跋为主。

⬆ 楷体形态清新优雅、圆润秀丽，没有宋体字和黑体字的庄严凝重，用于风筝艺术这样的书籍设计之中，切合主题，富有美感。

⬇ 宋体、黑体

↙ 标宋

设计经验提示

一般而言，文学类、哲学类、科学类书籍应尽量减少字体的种类，版面风格宜简约大方、清新自然，避免花哨；而以时尚为主的出版物则可以考虑以多样化的字体，传达丰富的信息。

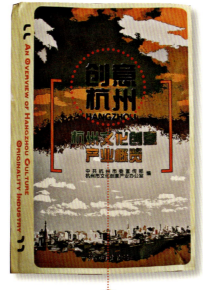

↑ 综艺体

④ 综艺体

综艺体是在黑体字形的基础上演变而来的。字体下角为圆形，笔画粗细有序，字形时尚，别具匠心。综艺体由于字形粗壮浑厚，故不宜做正文字体使用，多用于标题字，抑或封面的书名。

⑤ 等线体

等线体也是黑体的变体，它摈弃了黑体字的厚重而倾向于轻盈、清秀。等线体字形筋骨挺拔、线条无冗余装饰，笔画粗细基本一致，较之黑体要纤细一些，常在正文、图片的注解文字或副标题中使用。

2. 英文字体

伴随着全球化、国际化步伐的加速，国家之间的交往愈加紧密。出于对信息交流的需求，英文字体在中文书籍中的使用也日趋广泛。同中文字体一样，英文字体在发展过程中受时代文化和审美思潮的影响也形成了多种不同的风格与形式。

① 古罗马体

古罗马体以字形庄重大方、迤逦明快而成为最受人称道的一种拉丁字体。它的字体形态源于罗马柱柱头造型。此字体笔形延续了碑铭体的手写风格，字脚衬线富于变化，小写字母上下的伸展线较长，圆形字母的中轴线呈一定角度倾斜。由于这种字体天生具有一种悠久的历史感、高雅感，故而常用于书籍设计的封面

书名或文字的标题。

② 新罗马体

新罗马体又称现代罗马体。源于18世纪50年代的英国工业革命使机械化大生产逐步代替作坊式的手工艺生产模式，生产力的变革反映在艺术设计上运用了新的绘图仪器与制图方法，为新罗马体的出现提供了可能。新罗马体字形粗细对比强烈、字脚细直，给人以轻盈通透、典雅肃穆之感，常用于书籍设计的书名和标题字。

③ 哥特体

罗马风格的进一步发展就是12世纪至15世纪在欧洲盛行的以哥特式为主的设计风格，当时在字体的运用方面也受到哥特风格的影响，而产生了一种字体上的哥特式风格。哥特式字体笔画

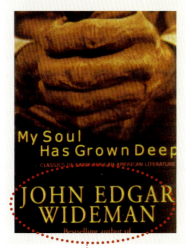

↑ 古罗马体

类似于此类建筑纵向尖突、横向平整，曾广泛应用于经书的印刷和书写，从而产生出一种高古神秘的特征。由于该种字体装饰过度，故多用于设计的书名或装饰性文字。

❹ 方衬线体

方衬线体是流行于 18 世纪末至 19 世纪初西欧诸国的字体形态。其字形以有别于哥特式与新罗马式的笔画，粗细一致为其主要特征。它稳健厚重、黑白分明，给人以醒目庄重之感，广泛应用于报刊杂志的标题设计。

❺ 无衬线体

无衬线体完全抛弃了装饰线，仅留下字母的主线，朴实整齐、清晰简洁、明朗有力，具有现代感，颇似汉字的黑体且常与黑体搭配用于书籍的封面设计中。

（二）字号

计算字体面积的大小有号数制、级数制和点数制(也称为磅）。字号的确定要考虑读者的特点、书籍的内容及版式风格等方面的因素。通常标题用字约为 14 磅以上；正文用字一般为 9 ~ 10 磅，如文字多且版面大，字号可减至 7 ~ 8 磅；脚注用字一般为 6 ~ 7 磅。

（三）字距与行距

行距的宽窄是设计师较难把握的问题。行距过窄，行与行之间不易分清，上下文会相互干扰，没有一条空白带引导目光，使目

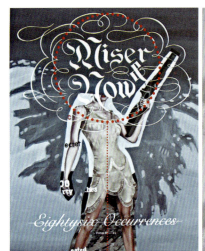
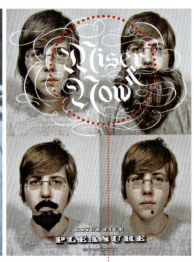

哥特体

光难以沿字行扫视；行距过宽，文字看上去缺乏整体感，太多的留白使字行之间不能有较好的延续性。两种极端的编排方法都易使读者产生疲劳感。字距指版面上字与字之间的空位， 与行距一样，亦有加大、缩小的问题。适宜的字距与行距不仅方便阅读，而且也使版面清晰美观。

无衬线体

设计经验提示

一般情况下，行距要大于字距，书籍的行距为正文字号的1/2或是3/4，中文字的字距与行距比例为：字10点，行距则12点，即10/12。通常，书籍的行距较报刊略大，少儿读物、科教书籍的行距较大，辞书等工具书的行距较小。

事实上，除行距的常规比例外，行宽、行窄须依据主题内容的需要而定。一般娱乐性、抒情性读物，加宽行距以体现轻松、舒展的情绪。也有纯粹出于版式的装饰效果而加宽或缩窄行距。如果要增强版面空间层次与弹性，可采用宽窄行同时并存的手法。

（四）字体、字号、行距的视觉层次

在一个版面中，选用三到四种以内的字体为版面的最佳视觉效果，超过四种以上则显杂乱，缺乏整体感。要达到版面视觉上的丰富与变化，只需将有限的字体变粗、变细、拉长、压扁或调整行距的宽窄，或变化字号大小即可。实质上，字体使用越多，

适宜的字距与行距不仅方便阅读，而且也使版面清晰美观。

出于版式的装饰效果而加宽或缩窄行距以增强版面空间的层次与弹性。

整体性越差。

总之，一本书的独特风格的构建与文字效果是相辅相成的，并不是单纯天马行空地构想一种奇特的字体可以促成的，而是在编排得当、运用合理的基础上，自然产生层次清晰、秩序井然、生动活泼的书面效果。

二、文字的图形化

文字的图形化可分为两种形式：一种是通过排版的方式将文字排列成为一条线、一个面或组成一个图形，并使其成为插图的一个部分，达到图与文的相互融合，相互补充。另一种是文字字形本身的图形化，即以文字作为基本元素，采用多样的描绘技巧加入所要表现的物形中而构成的字形。文字图形化不仅没有使文字失去原有的功能与意义，反而在原有的基础上得到进一步强

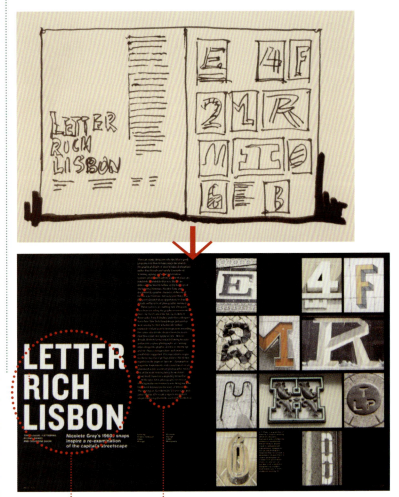

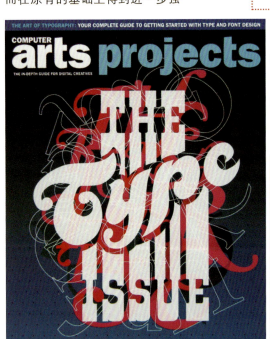

⬆ 在同一版面内，字体、字号与行距的编排松紧适度、层次分明、秩序井然。

⬋ 将文字图形化为罗马柱的造型，增强了封面设计的形式感与趣味性，进一步强化读者的记忆度。

⬇ 《Eye》杂志封面设计　"eye"的标志本身就是字母与人脸的同构，将其直接应用于封面设计，不仅增强了书籍的视觉冲击力，而且简洁大方，便于识别。

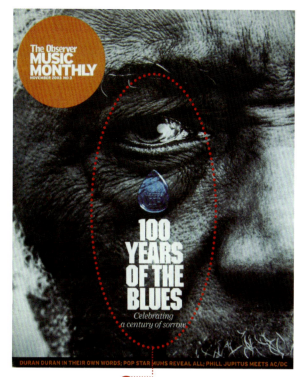

↑ 文字的编排要起到引导视觉的作用，通过编排达到突出重点、促进阅读的作用。

相关知识链接

文字的设计与编排的作用可归纳为以下三种：
■ 赋予文字传达书籍内容的功能。
■ 为读者插上想象的翅膀，体味书中的文化情趣、意韵。
■ 在设计者的精心编排下，促成有趣的阅读。

化，使版面具有较强的形式感、生动感与活泼感，是获得良好视觉吸引力的一种方式。这种文字图形化是形式与内容相统一的最佳形式。

文字的图形化虽然会使人产生联想与趣味性，但是并非每种书籍设计都可做文字的图形化处理，它必须依据书籍的主题内容来确定，不能随意将任何书籍设计都僵化、生硬地照搬或套用文字的图形化处理，要因书制宜。

三、文字的视觉流程

所谓视觉流程，就是人的视觉在接受外界信息时的流动程序。文字视觉流程是设计者通过对文字各个要素的设计与编排使读者的视线沿一定轨迹按照其安排好的顺序与层次进行阅读的过程。成功的视觉流程在某种程度上可以更好地促进有效阅读。

第二节 书籍的图式语言

广义上的书籍图式语言可理解为一切可视图像的表达，具体内容包括图形符号、插图、照片、图表、饰纹等。《书林清话》中载："古人以图、书并称，凡有书必有图。"一言道出了图与书的同生共存的依赖关系。

一部完整的书籍应该是由文字和图形共同组成的，如果说文字是通过词汇把对事件、情景、感觉、心理等的描述以文字符号的方式唤起人们的情感与想象的话，那么"图"则可以更为直观地触动人的视觉感官。书籍图式语言的主要功能首先是对文字作补充说明，使其更具可读性与可视性。其次是对书籍起到美化装饰的作用，以满足读者的审美心理需求。再次是对书籍内容作更深层次的解读和挖掘，让读者对于文字内容产生的联想得到延伸，增强作品的说服力与感染力。借助于图式语言的传达，可以深化读者对书籍内容的印象与感受。书籍设计中图式语言的运用要避免对书籍内容肤浅的表述或断章取义的梗概，而要通过对内容的深层解读，在把握其精神与主旨的前提下为文字配以图形图像，进而实现书籍设计的图文统一、形神兼备。

一、图形设计

（一）图形空间的正负形

在书籍设计中，图形作为最具有吸引力的设计元素之一，对于促进读者摄取信息、提升阅读感受起到重要的助推作用。就一般经验而言，人们在阅读过程中，往往只关注被描绘的图形对象并从中获取有用的信息，却忽略了图形的背景及其周围的空白空间。要使读者把图形与背景都作为有意义的内容加以关注，就必须改变以往的设计习惯，让背景与空白像图形一样携带有意义的信息，并使其与图形之间形成相互依存、彼此观照的有机整体。作为图形的正形若能够与作为背景的负形恰如其分、相得益彰地结合，就会形成一种有韵味的形式。

书籍幽默的图式语言、灵活多变的版式编排，不仅起到装饰的作用，强化作品的可读性，同时达到了对内容深层次的解读，深化读者对书籍内容的印象与感受。

相关知识链接

荷兰被誉为"艺术家中的数学家"的埃舍尔（M.C.Escher）与日本当代平面设计大师福田繁雄先生以正负图形为题材设计的作品，不仅带来了视觉形态的解放，而且在一定程度上也改变了人们固有的审美观念和审美惯性。

→ 作者：埃舍尔

→ 作者：福田繁雄

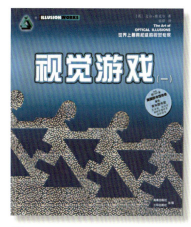

在书籍设计中适时地运用正负形，不仅能够令书籍具有鲜明的性格，同时亦可攫升读者的阅读兴趣，激发读者的想象力。

《美国插图22》插图的设计风格与版面的变化保持和谐，在书籍整体气质的展现中锦上添花。

图（正形）与底（负形）的关系并不是固定不变的，而是相互转化互为图底的关系。在书籍设计中适时地运用图底变换（正负形），不仅能够令书籍具有鲜明的性格，同时亦可攫升读者的阅读兴趣，激发读者的想象力，提升读者的视觉愉悦与视觉快感，同时更能增强并丰富书籍的内涵、价值及意义。

（二）图形的适合度

书籍设计中的图形不仅承载着对书籍的内容、风格以及属性恰当诠释的使命，同时还要为读者营造一种"气"场，并由气而生韵，由韵而生神，进而领略书的灵动之魂。因此，在书籍设计中适当运用图形对于丰富书籍的内涵和提升阅读情趣是大有裨益的。但在图形的运用上要把握适度的原则。一方面图形的创作应依据书籍的内容和风格，不可随意臆造或滥竽充数，另一方面，图形的数量不可过多，多则生乱，亦不可过少，寡则生闷。图形的数量与主题选择要恰到好处，在书籍设计上能起到画龙点睛或锦上添花的效果，而不是画蛇添足。

二、插图编排

书籍插图的表现形式主要以绘画、摄影及电脑绘制为主，它与一般性绘画和摄影作品的不同之处在于受特定信息、传达内容的制约与限制，插图的设计风格要符合书籍本身的属性。如儿童读物类插图应体现活泼可爱、幽默诙谐、充满童趣的特征，文学类插图应展现书籍的唯美含蓄、情景相依的特点，科学技术类书籍插图应能够展示直观亲切、生动形象的特质。通过插图的编排准确无误地表达书籍的性质，使读者可以更加便捷、快速地理解书籍内容。

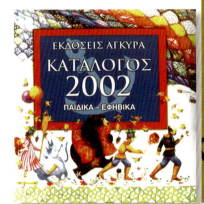

 儿童读物类插图 构思巧妙、表现生动，运用适当的图形可以在很大程度上擢升书籍的美感和艺术品位。

文学类插图编排，展现了书籍设计唯美含蓄的气质。

第三节 书籍的色彩规划

色彩是书籍设计的"神"，合理地运用色彩可以扩大书籍创作的想象空间，赋予作品新的生机与活力，增强书籍的美感。书籍的色彩规划是建立在对书籍内容和属性的深层把握与理解基础上的系统实施。在具体的色彩规划时务必要以"随类赋彩"作为色彩选择的主导思想，色彩必须符合书籍的属性与主题，并以此为据确定色彩。

色彩作为书籍设计的主要艺术语言，它是美化书籍、表现书籍内容的重要元素，毫不逊色于图形、文字乃至其他设计语言的表现力，从某种程度上讲，色彩具有更强的视觉冲击力，更能彰显书籍作品的艺术魅力。

一、整体色彩配置

书籍设计中的色彩在塑造个性和表达情感方面有着得天独厚

设计经验提示

插图的设计与编排应考虑以下几方面问题：

■ 保证图片的质量。一般的书籍出版物图片的分辨率的标准是300dpi（每英寸上所能印刷的网点数）。如果分辨率太低，达不到印刷要求时，就会出现马赛克，从而降低整个出版物的质量。

■ 根据图片与文字的多少，要充分考虑版面插图与文字、插图与插图之间的留白。如果一本书没有空白空间的营造，形成不了一种虚实相生的视觉美感，甚至会影响到正常的阅读。

■ 与文字混合编排时，要根据书籍开本的大小进而确定插图与文字在版面中所占的比例。

■ 一本书的插图不会仅有一张，因此插图与插图之间是一个统一的整体。插图摆放的位置应遵循版面整体的视觉规律，使其具有层次性和秩序性，既不要显得过于呆板，又不要过于杂乱，力争实现图文编排的和谐性和适宜性。

的优势，它以自身的整体性、情感及独特风格为旋律来打动读者的心弦，为书籍谱写唯美的乐章。色彩在书籍设计中扮演着十分重要的角色，它能提高信息浏览和信息分类的准确度，提高阅读与理解的有效性，调适读者的视觉心理。恰当准确的色彩定位，能够与读者的审美经验擦出火花，达到情感的共鸣。

在书籍设计中，色彩的使用要避免设计师本人审美经验的套用以及个人主义欲望的表达，而要以设计对象的内容与主题为依据准确地选择颜色，把握色彩的情感特征与表达内容的一致性。

书籍设计色彩整体感可以理解为书籍页面之间的统一性、联系性与延续性。要把书籍随时视为一个系统，在注重对整体主色调控制的前提下，还应注重它们之间的独立与分离，这样组成的整体色彩既和谐又自然，富于节奏与韵律。另外，色彩的整体感还表现在系列书籍设计中，可理解为是在书籍与书籍之间的色彩搭配的关系。

↑ 书籍的色彩规划应"随类赋彩"，此套儿童读物的色彩以鲜亮的红、绿、蓝色突出了儿童书籍的活泼可爱。

↓ 此套书籍设计色彩规划具有较强的整体感，从而擢升了页面之间的统一性、联系性与延续性。

二、色彩的针对性

色彩具有特定的针对性。在进行书籍设计时，要针对不同年龄段的人群，采用不同的色彩规划。

三、色彩的形式美

色彩语言的视觉效应取决于

色彩在版面中的位置与顺序，取决于色彩自身的色相、明度、纯度及其搭配，取决于色彩的空间面积配比等因素。

（一）色彩均衡

色彩均衡是色彩的轻重、强弱、量化大小等元素的关系，色彩的均衡会给人以相对稳定的视觉生理与心理感受。不均衡的色彩会产生不稳定感，这种不稳定带来的是生动、趣味与丰富感。然而，这种不均衡要注意"度"的把控，防止过犹不及现象的发生，倘若使用不当，易使书籍产生偏重与失衡感。

（二）色彩面积

色彩面积是指色彩局部与局部、局部与整体之间面积大小的比例关系。色彩的面积对于书籍设计方案的整体风格和美感起着决定性的作用。

（三）色彩韵律

色彩的韵律即色彩的某种排列方式，如渐变、聚散、重叠等有规律地反复出现，以及强弱或长短变化。韵律是一种秩序性的形式美，通过色彩在更迭、变换中形成有节奏的美感，如同诗词一般抑扬顿挫、跌宕起伏。

（四）色彩观照

18世纪法国美学家狄德罗提出"美在于关系"，揭示了形式美的内在规律，那么，色彩的美也在于色与色的关联与观照。如对比色的观照（红与绿、黄与蓝）、补色的关照（红与绿、蓝与橙、黄与紫）、类似色的关照（黄与黄绿、蓝与蓝绿、蓝紫等）。

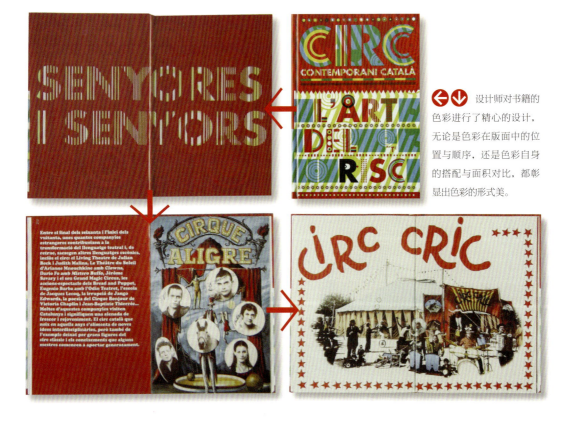

设计师对书籍的色彩进行了精心的设计，无论是色彩在版面中的位置与顺序，还是色彩自身的搭配与面积对比，都彰显出色彩的形式美。

四、色彩的意象特征

（一）鲜明色调

鲜明色调是指不掺杂黑色、白色和灰色（无彩色）的最纯粹、最鲜艳的色调。鲜亮的色调给人以健康、活力、积极的感觉，多用于体现欢快愉悦的文艺类、时尚类书籍以及儿童类书籍的设计与编排。

（二）明色调

明色调的明度较高，是将纯色中加入少许白色形成的色调，给人以明朗而清澈、大方而爽快的感觉，较适合体现大众品位的书籍设计。

（三）浊色调

浊色调是在纯色中加入亮灰或暗灰而形成的色调。浊色调减少了色彩鲜明的个性和强硬的过渡，使色彩表现出优美素净、柔和宜人、

《Eye》杂志设计 明色调给人以明朗而清澈、大方而爽快的感觉。

鲜明色调在儿童书籍设计中的应用，凸显健康与活力。

沉稳厚重的感觉。此色调可显示出书籍的高品位与高质量。

（四）暗色调

暗色调是纯色加入黑色形成的色调。纯色的活力与黑色的深沉相结合，给人以威严厚重之感。暗色调常用于传统文学类书籍设计。

对于色彩的运用还应注意：强调色彩的装饰性；选择色彩要少而精（有些儿童类、杂志类书籍除外）；注意色彩的对比关系与和谐关系，能够恰当地使用黑白色；还要充分考虑到书籍印刷材质本身的属性（如色彩、纹理等）。

➡ 暗色调作为主色调在书籍设计中的应用。

⬆ 浊色调是通过向纯色中加入暗色来减弱色彩明度而形成的一种色彩倾向。这种色彩沉稳典雅、温和庄重，特别适用于追求格调高雅的书籍设计。

第四节 书籍的细节设计

一、书籍的导航器——目录与页码

目录亦称"目次"，是书籍上排印的篇、章、节名目。目录不仅是读者的阅读指南，显示了书籍的层次与结构，有助于迅速了解书籍的内容，同时也是印刷商检索的媒介，有助于在正式装订之前检查书籍每个部分的顺序。

页码表示页数的数码，不仅对书籍的序列结构起到连接作用，而且对读者的阅读具有导向作用。页码可分为单页码、双页码以及暗码等。单页码指书中的奇数页码，通常位于书籍的右页；双页码指书中的偶数页码，通常位于书籍的左页。如若为了书籍的整体美观度考虑，可以暂不排印页码，而页码的序数仍能保持连贯性，称为暗码。页码的计算习惯于从正文标起，位置一般排在书的上角或下角，也可编排

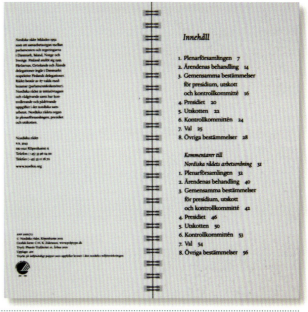

↑ 个性化目录页设计

↗ 日录页设计

设计经验提示

目录与页码设计的原则：
- 清晰性
- 艺术性
- 功能性与艺术性的统一

◀ 页码设计清晰明了

在天头或地脚居中的位置。

书籍中的目录与页码就如同一盏明灯为读者在书海中畅游开路导航。在阅读一本书的时候，如果说目录是"会当凌绝顶，一览众山小"的通篇综览，那么页码就是"牧童遥指杏花村"的细节查阅。目录与页码是书籍设计中不可缺少的部分，同时也是最容易被忽略的环节。适当的目录与页码设计会提升书籍的艺术魅力，给读者带来意想不到的视觉效果以及心理感应，所以，它也需要构思新颖、富有创意，并且同书籍的整体设计风格协调统一。

在现实中如何将页码设计的艺术性与功能性很好地统一起来，是一个值得关注的问题。

二、篇、章、节的设计

在当今非物质化社会，随着人们对版式设计的愈加重视，书籍设计已经不仅仅停留在为其设计一件赏心悦目的外衣，更重要的是设计出适合于书籍整体风格的内文版式。因此，许多美编开始主动地介入版式设计，更加关注篇、章、节框架的视觉美。

绝大部分书籍的内文文字在结构上都会以篇（或卷）、章、节来进行分割，规划出了视觉节奏，促使读者更迅速、更便捷地了解文章内容的整体结构与框架。正是因为有了篇、章、节的设置，才使得读者的阅读有了停顿和间歇，有了得以休息的空间与时间，使得书籍的结构更加清晰明了。

三、书眉与注释

书眉亦称"页眉"，指印在版心以外空白处的篇名、章名或书名，大多与页码排成一行，以方便读者翻查。通常是单页码排章名，双页码排书名或篇名。书

⬇️⬇️⬇️ 篇、章、节的设计使得书籍的结构更加清晰明了，增强了视觉节奏，促使读者更迅速、更便捷地了解文章内容的整体结构。

眉的设计会随着书籍种类的不同而略有变化，如杂志的书眉一般印有刊名、卷号、期号及出版年月等，而字典和手册等工具类书籍的书眉则会排有部首、笔画、字头或字母等内容。书眉的设计不仅要注重与书籍整体风格的和谐统一，而且要给读者以视觉的美感享受，这是书籍设计的点睛之笔。

注释是指对一部作品中的语汇、内容、背景、引文出处等所作的介绍、评议和考证，抑或指针对插图、图表、照片等的需要作诸如说明、标记、指引的解释，通常以文字、字母或数字形式出现。

书眉与注释设计并不是可有可无的附属物，作为书籍系统设计的组成元素，它们是对书籍版式的延伸和对书籍内容的深化。规划有序、体制得宜，以及具有艺术性、装饰性的书眉与注释设计，必然会为书籍设计增色不少。

图片注释，一般而言用较小的字号编排在所示图片周围，会显得较为精致。

注释的设计采用图表和插图的形式，方便读者的识别。

注释的编排，将步骤图井然有序地呈现给读者。

书眉的设计简洁大方，与书籍整体风格和谐统一，方便了读者翻阅与查找。

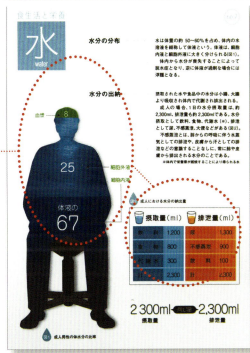
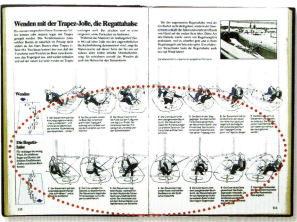

经典案例解析

■ 项目名称：《LOVE》

■ 设 计 师：the Farm

"爱"的主题贯穿了整本书籍，书籍图文编排彰显了清晰的节奏感，使书籍的内容呈现出有条不紊、活泼大方的气质，从版心的位置到文字图形的编排，从页码的处理到页眉的设计，在视觉上为读者营造了一种轻松、愉悦的阅读氛围。

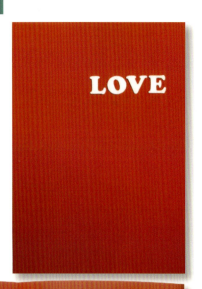

目录

页码

页眉

经典案例解析

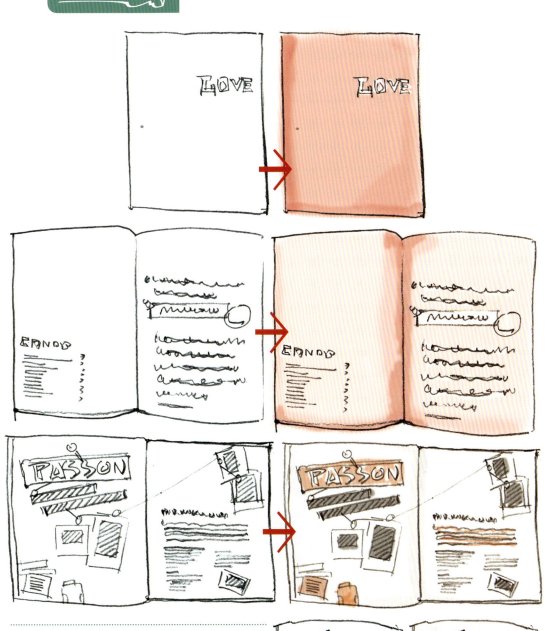

↑ ⼍ → 草图绘制阶段 通过草图的绘制确定书籍的风格、版式与构图，而后设计一个主色调——鲜明色调，以达到突出主题、强化书籍整体感的目的。

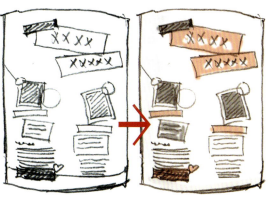

思考与练习

■ 思考图形、色彩、文字三者如何在动态中求得统一。

■ 篇、章、节在书籍设计中应注意哪些方面的因素。

■ 思考插图在促进阅读方面的价值及意义。

■ 设计一套以插图为表现形式的书籍。

———————————————————————————————

■ 设计主题：《TUTU 的理想国》书籍设计

　　　设　　计：王淑媛

　　　指导教师：蒋　琨

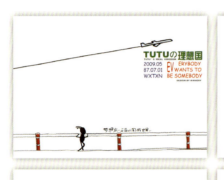

讲评

《TUTU 的理想国》系列书籍封面设计创意轻松自然、别具一格，设计者以独特的视角将个人对生活的理想与憧憬体现得淋漓尽致，插图设计风趣幽默而又不失童真，以借物喻人的手法来感悟抒怀，较好地体现了设计者对书籍内涵的把握与理解，从而使设计作品让人触景生情、回味无穷。

BOOK
DESIGN 4

书籍的分类与形态探索

第四章 书籍的分类与形态探索

导言：书籍设计是一门融入艺术、技术与科学的"系统设计"，是艺术与技术的完美结合，同时也是营造书籍外部结构形态与内在信息有序性传达的系统化工程。

文化以及审美志趣的多元化趋势也导致了人们对于书籍形态审美需求的多样化，千篇一律的书籍形态使人产生审美疲劳，很难提升读者的关注度，尤其在"眼球经济"及书籍设计的同质化时代，谁能够在众多的设计中脱颖而出，谁就能获得读者的青睐，进而实现传播目的和经济价值。

由于书籍的性质与类别不同，也使书籍设计呈现出多元化的风格。因此，深入探索书籍的多元化形态以及对不同性质的书籍见诸施行、因材施艺，是进行一项书籍设计"工程"成功的关键所在。

本章重点

- 书籍的分类
- 不同类别书籍设计的方法
- 系统设计在书籍形态设计中的作用

第一节 书籍的分类

书籍的类型与内容决定了书籍的形态表现。设计者在进行书籍设计时首先应为书籍分类定位，并在此基础上充分理解文本的内容，用自己独特的设计语言诠释书籍的主旨思想，突出书籍的属性。按照文本的内容及其性质，书籍大体可分为文学与艺术类、经济与科技类、期刊杂志类、少儿类等。

一、文学与艺术类图书

文学艺术类书籍是以文学语言为媒介构筑艺术形象的书籍。此类书籍具有自由的表现形式，在浩瀚无边、广阔无垠的书海中，文学类、艺术类书籍更容易脱颖而出。这是因为文艺类的书籍所涉及的文字、图形等符号内容，本身就有很强的美感且耐人寻味，书籍设计之"美"，往往得益于内容的优势。因此大多数文艺类书籍形态的美感，在很大程度上借助其自身的内容就能较好地体现。

文学类书籍如小说、诗词等在形态设计上多采用抽象性的构思，在色彩上宜用淡雅、朴素、庄重的色调，以体现其固有的艺术性。除此之外，这类书籍的设计还要充分发掘它的精神内涵，并借助某种具

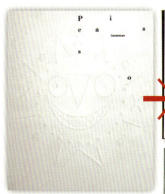

体的形态来突出其文化性、艺术性，为其塑造一种不事张扬、含蓄内敛的文化气质，营造一种"简而不淡"、"素而不寡"的视觉效果和富贵不骄的视觉形象。

艺术类图书的设计在风格上讲究"新"、"奇"、"特"，突出作品的艺术性、审美性、独特性与个性，追求强烈的形式感和视觉冲击力。通过对设计语言独具匠心的运用，尽量突出设计情感的表现力与感染力，以形成

⬆️↗️ Picasso 设 计：Isidro Ferrer 文艺类的书籍具有自由的表现形式，书籍之美往往得益于自身内容的优势。书籍在设计的时候，采用毕加索的绘画语言作为封面的主题图形，能够从深层次反映书籍的内容，表现书籍的意蕴。

⬇️ 文学类书籍 该书籍在设计上通过单一的色彩、简洁的图形、讲究的构图，塑造出了书籍含蓄内敛的文化气质。

➡️⬇️ 《女儿枕》 设计：纪晓娜 文艺类的书籍所涉及的文字、图形符号本身就有很强的美感且耐人寻味。该封面通过镂空的方式，挖出了一个枕头的形状，使封面设计既有趣味性，同时又契合主题。

多样化的风格特征。不同的风格带给读者的感受也是不尽相同的，淡雅风格使书籍清新自然，浓重风格则凸显华丽富贵，有时，两种风格可以交互使用。

相关知识链接

以单纯淡雅为主；反之，如果图形元素相对较少，可以通过运用较为浓重的色彩来弥补，做到"浓妆淡抹总相宜"。

艺术类书籍 书籍设计色调浓重而典雅，凸显华丽富贵之气。

艺术类书籍 独特的装帧形式辅以单纯的色彩、简洁的文字，凸显书籍的艺术性与审美性。

Artist's Book Typography Skech Book 艺术类书籍

二、经济与科技类图书

经济与科技类图书包括自然科学和社会科学两大范畴，涵盖的领域、涉及的学科十分广泛。较之文艺类图书感性的、生动的设计风格，经济与科技类书籍着眼于更为理性化的设计：朴素美观、庄重典雅，图形用色切忌花哨，不要虚饰，突出内容的清晰性、插图的明晰性、结构的完整性，给读者以易于识别与记忆的心理效应。

当前的科技类书籍在设计方面存在着诸多不尽完善的地方，亦如缺少精良、恰当的系统规划设计，大多是形式上的断章取义，没有从更深的层次体现书籍的内容属性，使书籍的形式与内容处于一种游离状态。反观国外的此类书籍，通常采用含蓄而有寓意的构思方法，用富有联想的符号与画面来提示、引导书籍的内容，设计到位且诉求准确，彰显其独特的科技味和时代感。

当然，经济与科技类书籍不像文学艺术类书籍有很多可以信手捻来的图形元素加以运用。由于科技类的书籍涵括的大都是一些专业性很强的内容，而这些知识往往又是设计师的知识盲点，对书的内容不能做到充分地把握和理解，因此，即使有一些熟悉的图形元素，也很难恰如其分地运用到此类书籍的设计当中，尤其是对于设计经验不足的设计师而言，往往会陷入"难为无米之炊"的窘境或不知该何从入手的尴尬境地。

综上所述，在此类书籍的设

书籍整体朴素大方，插图的绘制、文字的编排极具说明性，给读者以易于识别与记忆的心理效应。

采用含蓄而有寓意的构思方法，用富有联想的符号与画面予以提示、引导书籍的内容，设计到位且诉求准确，彰显书籍独特的科技性。

将熟悉的植物的生长年轮作为图形元素，恰如其分地运用到书籍的设计中。

计中我们应该借鉴国内外成功的设计方法，在充分理解和把握书籍内容的基础上，将理性的内容与感性的设计形式相融合，使书籍设计能够精确和恰当地表现设计对象的特征和属性，使之真正成为书籍内涵的外化，而不是只为书籍随意地披上一层词不达意的华丽外衣。

在充分理解和把握书籍内容的基础上，将理性的内容与感性的设计形式相融合，适宜地表现所设计对象的特征和属性。

三、期刊杂志类图书

期刊杂志门类众多，精彩纷呈，主要突出一个"杂"字。与其他类型的书籍相比，期刊杂志往往彰显一种轻松的、愉悦的、悠闲的、活泼的基调，以自身别具一格的装帧设计而受人青睐。

期刊杂志有以下特征：出版的连续性、风格的传承性、插图的多样性、内容的综合性与包容性、装饰的随机性、技术与材料运用的广泛性，并辅以众多的广告宣传，从而形成了期刊杂志独具个性与特色的设计语言和表现形式。

如何将这些多元化的特征通过装帧的手段有效地融合到一起，使之形成有机的整体，这成为一本杂志成功与否的关键。由此可见，作为期刊杂志类的装帧设计者，除了要具有丰富的专业技能与设计经验、良好的艺术素养、广博的文化知识外，还要有接受新事物、新观念、新技术的能力，通过无止境地实践、总结和探索来不断丰富和拓展设计语言与形式。

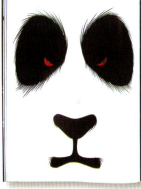

↘ → 《Eye》杂志设计　极富设计味的形式语言为《Eye》杂志营造出一种轻松的、愉悦的、悠闲的、活泼的基调，以自身别具一格的装帧设计而受人青睐。

↘ → 杂志设计"杂而不乱"，插图的多样性、内容的综合性与包容性、装饰的随机性，彰显出期刊杂志独具个性与特色的设计语言和表现形式。

四、少儿类图书

少儿书籍的设计要以启迪儿童心智、培养儿童健康的审美意识为主要目的。天真活泼是儿童的本性，他们对周遭的世界充满着浓郁的兴趣和好奇心理，儿童时期的心理大多处于未开化的原始状态，他们对事物的感知是单纯的、片面的。由于儿童在对事物的认识方面，形象思维大于逻辑思维，往往缺乏对事物深度的分析和推理，而表现出一种高度的形象概括能力。这就要求设计师在设计少儿书籍的过程中应回归到人之初的一种状态，追求新奇与稚趣的设计风格，使孩子们从阅读到体味，从感受到联想，充分享受读书的乐趣。

（一）少儿类书籍设计的特点

1. 想象性

黑格尔说："最杰出的艺术本领就是想象。"带有创造性的想象可以使平常的素材与材料实现不平常的综合。"程式化"的设计方式，会使设计作品枯燥、乏味，更是对儿童书籍设计表现的摧残，而对于少儿书籍而言，他们的视觉思维正处于发育阶段，这时无论是书籍的形态设计还是艺术的表现，无论是色彩搭配还是设计构思，充满创造性与想象力的设计在不同程度上会影响到孩子的创造性思维的开发，从而为他们插上想象的翅膀，在书海中自由翱翔。

相关知识链接

儿童画：儿童画出来的东西往往不是他们所看到的东西，而是他们所认识到的东西。在儿童画中，再现事物的某些粗略的特征，如人的头是圆形的，嘴巴像一轮弯月，耳朵是半圆形的，腿是直线的等。

← 无论是色彩搭配还是设计构思，都极富想象力。

↓ 书籍的形态具有丰富的想象力，有利于对孩子创造性思维的开发。

此套书籍的设计在形式与功能上注重对儿童的启发式教育,通过创造一种幽默风趣的图形语言、简洁清晰的内文编排,激发孩子的阅读兴趣,从而达到开发其心灵与智慧的目的。

2. 启智性

对于儿童的培养、传授知识固然重要,但启发智力更为重要。中西方孩子由于受教育的背景与文化背景不同,导致了他们的智力开发的根本性区别:中国孩子的思想较为刻板拘谨,而西方孩子的思想较为自由开放,并且他们有较强的创造能力。由此可以看出,在进行儿童图书的设计时,尤其是对学龄前儿童书籍的设计,要注重形式与功能的启智性,通过创造一种带有浪漫气息的图书形式与富有生机的画面设计,激发孩子的阅读兴趣与创造的热情,从而达到开发其心灵与智慧的目的。

3. 趣味性

司空见惯、习以为常就会归于平淡。从某种意义上讲,设计存在的根本就在于不断地创造新奇,从而打破平淡,创造一种趣味性,如清风袭面,带来耳目一新之感。趣味性是儿童书籍的主要特点,它可以通过幽默诙谐的设计语言为儿童呈现精彩纷呈的世界。幽默又是思想、学识、智慧和灵感在语言中的结晶,是瞬间闪现的光彩夺目的火花。

运用幽默诙谐、趣味活泼的设计语言为儿童呈现精彩纷呈的世界。

4. 游戏性

在儿童书籍的设计中应注意对其积极情感（如愉快）的调动，因为积极的情感可以激发孩子的好奇心，同时能增强他们的学习能力。著名心理学家芭芭拉·弗雷德里奇森和托马斯·琼纳认为："积极情感拓宽了人们的思想，增强了人们的行动技能，促使人们去发现思想或者行动的新线索。例如，欢乐引起游戏的强烈欲望，兴趣引起探索的强烈欲望等。再如，游戏培养身体技能、社会情感技能和智力技能，而且还会促进大脑的发展。与此类似，探索会增加知识并提高心理的复杂性。"由此可见，诸如愉悦、乐趣、快乐等积极情感状态的调动是产生游戏性的前提。游戏是释放的过程，它可以通过对人心理的传感影响人的行为；游戏是制造一种悬念，是编码和解码的过程；游戏是人的本能，而设计师正是制定游戏规则的高手。对于儿童书籍的设计更应创造书籍的游戏性，打破书籍的"呆板"、"沉默"，在书籍设计中注入幽默性、互动性元素，使孩子从书籍中得到快乐，在快乐中"游戏"，在"游戏"中增长知识。抑或通过"编织"一些神奇、玄妙的小细节，勾起孩子们的好奇心，使得他们在阅读的过程中获得乐趣，陶醉于多彩绮丽的神秘王国。

5. 拟人性

少儿书籍的特点之一是凡在作品中出现的动物、植物形象都进行了拟人化处理，譬如动物会讲人类的语言，与小朋友们一同

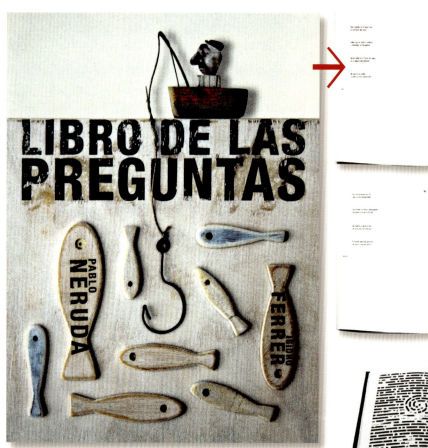

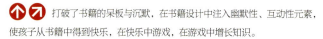 打破了书籍的呆板与沉默，在书籍设计中注入幽默性、互动性元素，使孩子从书籍中得到快乐，在快乐中游戏，在游戏中增长知识。

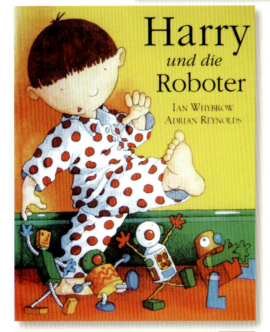

 采用拟人化手法，使小动物会讲人类的语言，激励小朋友一同学习与进步。

嬉戏、玩耍，抑或替他们排忧解难，鼓励他们克服困难勇往直前；植物同动物一样，也被赋予人类的表情、动作与神态，能与小朋友进行亲密无间的沟通与交流。

6. 夸张性

抓住所要表现对象的主要特征，加以夸张，以强化其形象性，从而使主题更突出，构思更巧妙，形象更生动，更具典型性和艺术性。

（二）情感语言的运用

情感语言是表达书籍设计审美意象的重要因素，且具有独特的价值。著名的雕塑家罗丹认为"艺术就是情感"，书籍设计亦是如此。在对少儿类书籍进行设计时，必须设法在书籍内容中找到唤起和表现情感相呼应的形

采用拟人化手法，使小木偶、小玩具同小朋友一同玩耍，与儿童产生共鸣。

运用夸张的手法，强化了主题形象性，使主题更突出，形象更生动。

象，使得书籍的整体形象设计具有感人的艺术魅力，"寓情以书"，"以情动人"。

在少儿图书的创作中，应站在回归"心理发展的原初阶段"的视角去创作，充分考虑儿童的年龄特点、心理特征与审美需求，使得图书充满天真烂漫的幻想与想象，赋予书籍以童真、童心与童趣，从而达到引导儿童动脑、动手探索、观察与熟悉外部世界，不断构筑自己的知识经验系统的目的。

书籍设计充分考虑儿童的年龄特点、心理特征与审美需求，使书籍的内容鲜明生动，凸显整体形象设计感人的艺术魅力。

第二节 书籍的形态

书籍形态设计是用积极的、富有创见性的感性和理性相结合的思维方式，使书籍的造型和神态、外形美和内在美结合得天衣无缝。

书籍形态设计作为一种创造性的活动，是主观对客观的一种认知行为，是将书中诸多冗长复杂的信息通过创造性的思维方式和实践操作，转化为高度凝练的、简洁的、综合的视觉图式语言，

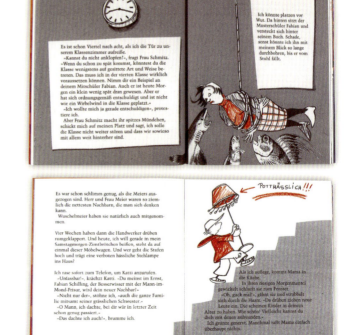

使读者能快捷有效地把握书籍的主旨，完成信息有逻辑、有节奏、有层次的准确传达。

成功的书籍设计作品能将很平常的图形与文字元素融入令人耳目一新的感性形式和理性的秩序之中，通过全方位的渗透，从视觉效果到触觉体验再到嗅觉感受，都倾注了设计者细腻严密的构思与细致入微的创造，启发读者的心智，并在阅读的过程中萌发丰富的想象力，使读者徜徉于严谨的秩序美与动人的感性美之中，用恰到好处的设计语言提升了书籍的可视性、可读性与可识性。

◀ ◰ 从书衣到书芯，从外形到内容，都彰显出书籍整体的创造过程，达到了形神兼备的意境。

◤ ◰ 将图形与文字元素融入感性的形式和理性的秩序之中，通过全方位的渗透，都倾注了设计者细腻严密的构思，用适恰的设计语言提升了书籍的可视性与可读性。

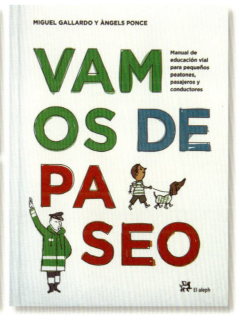

一、书籍形态的二元相一性

　　书籍的形态具有二元相一性，即书籍是外部形态与内在结构的完美结合，是实用（物质）功能与精神功能的结合，也是一种图形与实体的结合。两者相辅相成，相互依存，缺一不可。正是书籍形态的这种二元并存性，才能营造图书与人的互动关系，创造出形、神、意、思兼备的书籍设计作品，调动人的多种感官感受，形成特定的兴奋点和注意中心，引导人的阅读状态与阅读心理。

◀ ◢ ◥ ▼ Icons.In the Beginning　设计：Walker Gellender
规划简洁大方的外部形态、个性化材料的运用、严谨精良的技术工艺、准确和谐的图文编排、恰到好处的画面余白，以及层次分明、秩序井然、韵律十足的内部结构，能充分彰显出书籍形态由外而内、由表及里的鲜明风格。

二、多样化的书籍形态

在几千年漫长的历史进程中，书籍的形态也经历了数番演进，具有从甲骨、简牍、卷轴装、旋风装到后来的蝴蝶装、包背装、线装等千姿百态的形式变化。文字内容也由单页记录逐渐发展到后来的双面记录。进入现代社会以后，书籍设计的发展速度更是令人瞠目。设计师在汲取和融通新的印刷技术以及文化理念的同时，对书籍设计的发展起到了推动作用。在这种大的设计潮流的推动下，书籍的形态创意大胆且匠心独运。然而，书籍形态的创新不能脱离设计者在对书籍进行整体设计中追求美感和功能和谐统一的指导思想与设计原则。书籍设计的终极目标是促进阅读，传播知识。对于书籍形态的探索如果脱离了这一目标，一味地在外部形态上做表面文章，将书籍设计成华而

书籍的外部形态与内在结构的完美结合，统一的图形符号的延展与运用贯穿书籍的始终，使书籍设计形神兼备。

不实、虚夸浮躁的"艺术品"，那么书籍设计就失去了它本身应该具有的价值和意义，而成为一堆不知所云的艺术符号的堆砌物。

↑ 多样化的书籍形态——"可以提"的书

设计经验提示

对于书籍形态的探索而言，不仅需要设计师拥有敏锐的感知力，同时亦要有超凡的魄力，能摆脱定势思维的桎梏，去捕捉闪耀在思想中的火花，塑造书籍设计的新形态，并进一步将书籍装帧艺术提升到新的境界和高度。因此，今天无论是对于书籍外部形态的探索，还是对于书籍内在结构的研究，我们都要切记以人为本、遵循设计的原则，摈弃为体现设计师个人主义的欲望而脱离客观实际、天马行空的臆造。

📖 项目名称：Una niña 儿童书籍设计

　　鲜艳亮丽的色彩规划、生动而富于想象力的插图设计、个性化的开本选择打造出一本与众不同、耐人寻味且极具可视性的儿童书籍，具有较强的趣味性与启智性，为孩子插上想象的翅膀，在书中自由地翱翔。

📖 项目名称：BIG UPSTATE 杂志设计

　　杂志设计风格典雅、大方，为读者营造出一种轻松的、愉悦的、悠闲的、活泼的基调，以自身别具一格的装帧设计而受人青睐。

思考与练习

- 思考不同种类书籍的特征及其设计原则。
- 如何从系统设计的角度来看待书籍的形态设计。
- 设计一套儿童类书籍封面。

- 设计主题：《趣味童话》系列儿童书籍设计

  设　计：张　琨

  指导教师：蒋　琨

草图设计

草图设计

讲评

　　《趣味童画》系列儿童书籍设计色彩明快灵动、人物造型天真无邪、设计风格质朴纯真，以游戏性的视角展开设计创意，充分彰显了书籍的功能性——寓教于乐。作品的插图绘制生动自然，于夸张中流露出一份率真，具有较强的可读性与趣味性。

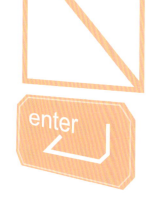

enter

BOOK
DESIGN 5

书 籍 设 计 的 经 营 之 道

第五章 书籍设计的经营之道

导言：一本书的创造，不是书籍设计师个人的独角戏，而是由著作者、编辑者、设计者、印刷者、出版者、销售者共同参与完成的一项系统工程。它需要由不同的部门，承担不同的任务，是通过一个团队共同协作来完成的。作为一名书籍设计师，除了具有较高的艺术素养、审美修养之外，还需要掌握较丰富的印刷知识，这可以帮助设计师在设计过程中充分注意每一个工艺流程，从而避免了重复性劳动，为书籍的最终成型奠定基础。

书籍设计需要运用一套合理的、科学的、系统的"经营"之道，才能事半功倍，设计出愉悦感官、触动心灵的优秀作品。

本章围绕一个具体的书籍案例《教你如何用纸的大学》进行分析。

本章重点

- 把握书籍的精神
- 拟定设计草案
- 审查选定设计方案

第一节 把握书籍的精神

在进行书籍设计时，要预先制定一套完整的方案，从无序到有序，从空间到时间，从物化到抽象，从书籍形态到书籍精神表达等，都要确立一套完整的设计思路与设计体系。

一、交流优先

一本书开始设计之前，设计者首先要与作者或编辑交流，明确本书的主题内容，尽可能多地获取以下信息要点：

（一）书名的缘起

书名是一本书内容高度的提炼与浓缩，亦是文稿的精华之所在。因此，在与作者或编辑交流的过程中，深入了解书名的由来可算得上是把握整本书主调的捷径。此外，诸如写作的背景与目的、灵感的来源等大量信息通过近距离的沟通如泉水一般涌出，这时的设计师已"身未动，心已远"，初始的视觉形象在脑海中此起彼伏地呈现。

（二）文稿的内容

书籍设计作为书籍内容和精神的物化，最终要体现的是书籍蕴含的意义及所要传达的精神。设计者在聆听编辑或作者讲述书稿的内容时，信息量较大，且涉及内容广泛，设计者要善于把握内容的主线，并捕捉重要的闪光点，作为书籍形态设计的依据。

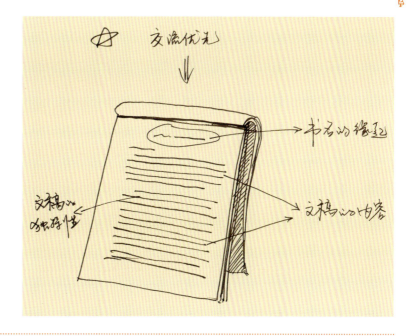

交流优先，获取信息

（三）文稿的独特性

在交流中，设计者要尽可能通过一些主要问题引导作者或编辑更清晰、明确地阐述该书的特色，以便于寻求视觉表现的切入点。

二、阅读书稿

深刻理解主题是进行信息更加有效传达的基础，同时也是设计构思之本。在做完细致的交流功课后，如果条件与时间允许，设计者应将文稿通篇阅读，可以和书稿直接"对话"，深入领略书稿的魅力，探寻主题语言符号，找到触发创造灵感的兴趣点，以此来寻求设计的价值，并融入设计师的情感，为书籍设计定立主调提供精神积淀。

三、确立设计风格

设计师通过交流掌握了文稿信息的广度，通过阅读又进一步探寻了文稿信息的深度，使主题更加逻辑化、条理化、清晰化，从而进一步概括出文稿的风格，继而确立主体设计风格。

四、搜集素材、捕捉符号

素材的搜集与积累要求把握统一的调子和格式。要突出本书的内容，首先应理性化地梳理信息，分类排列顺序，在分类中寻找其内在的联系，然后寻找与内容相符合的视觉记号。巧妙地运用素材资料，会产生意想不到的创意方案。

在书籍的整体策划中，要加强对贯穿全书视觉符号的识别度，以增强书籍视觉形象的记忆度。要善于捕捉反应书籍主题形象的视觉符号，诸如图形符号、文字构成、色彩主调、阅读方式等，为书籍的整体设计谱写美妙的"交响乐章"。

第二节 拟定设计草案

一、绘制设计草图

在完成第一节所讲述的诸环节工作的基础上，这一阶段的设计师已对书籍文稿的内容、特色、作者写作初衷等方面的内容有深入浅出的理解，同时收集了大量与主题相关的设计素材，通过对诸多资料的整理、综合与演绎，已在脑海中形成了书籍设计雏形，其中包括：书籍主题形象的选定、书籍风格的趋向、书籍的整体色彩基调等视觉元素。下面就要进入勾勒草图阶段。

勾画草图是设计师完成书籍设计的必经阶段，也是设计师的感性创造阶段。通过大量的草图，设计师最初的创意跃然纸上。在草图方案绘制时，设计师也应具有一种积极探索的态度，要充分地放松，将情绪调试到最佳状态，饱含着创作激情，插上设计思维的翅膀，天马行空，充分想象，碰撞出奇异的创意火花。这样才能使草图设计立意深刻、创新脱

相关知识链接

格式塔心理学的"完形理论"认为："视觉思维不是对刺激物的被动复制，而是一种积极的理性活动。"

项目名称：《教你如何用纸的大学》
设计师：Squires&Company 设计公司
客　户：美国 Weyerhaeuser 纸业公司

项目介绍：美国 Weyerhaeuser 纸业公司想要做一本教大家如何在无涂布纸上印刷的书籍。针对这样一个教育性的项目，Weyerhaeuser 推行了"教你如何用纸的大学"的项目，创意具有创新性、趣味性和可操作性。

草图方案1：通过大量的草图将创意表现出来，书籍的版式与风格最好一气呵成。

俗，充满生命力。

　　草图阶段需要多设计几套备选方案，这几套方案可以以不同的视角为设计的切入点，再"由点入面"运用不同的创意构思，进行不同的图形组合与构图形式，并尝试多种配色方案，从书籍内部结构的形式表现到书籍外观的形态构成进行统筹考量。

二、挑选设计方案

　　在绘制大量草图方案的基础上，"量体裁衣"，从诸多备选设计方案中，仔细推敲，挑选出其中 2 ～ 3 套切合主题表达的最佳形式与最佳形象方案，在此基础上再进行主题形象的延展设计，使其蕴含于书籍的始终，从而强化书籍的整体形象，突出书籍的整体之美。

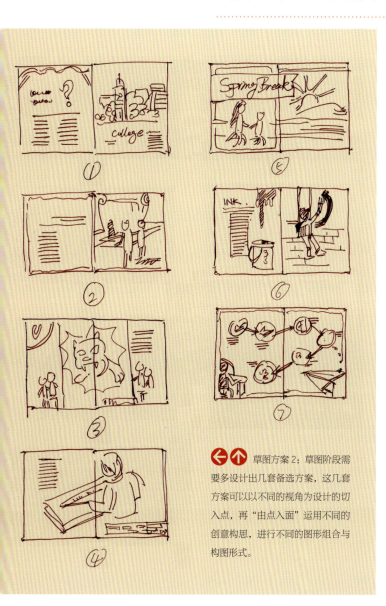

草图方案 2：草图阶段需要多设计出几套备选方案，这几套方案可以以不同的视角为设计的切入点，再"由点入面"运用不同的创意构思，进行不同的图形组合与构图形式。

第三节 电脑辅助设计

一、电脑辅助设计

　　在完成大量草图的制作阶段后，接下来要进入电脑辅助设计阶段。电脑作为一种工具，虽不能取代人类富有创意的大脑，但电脑的辅助设计能够帮助设计师快速实现创意构思，丰富完善设计语言。电脑辅助设计并不是"冷漠的"、"无情的"、纯理性、纯科学的图文编排，它能更好地表现草图创意，弥补草图阶段设计语言的不足，从而营造一种以形示人、以情动人、以境感人的意境美与情境美。

　　奇妙的图形形态、无穷的色彩搭配、感性的字体设计、标新立异的主题形象，通过电脑这一设计媒介的编辑，霎时间生动地呈现在眼前，更有甚者，有时电脑中出现的随机效果，是设计者始料不及的，会使其欣喜若狂。

由此观之，从某种层面而言，电脑辅助设计阶段与草图勾画阶段同等重要，它们就像人的两条腿，缺一不可。正所谓"工欲善其事，必先利其器"，这里的"器"主要是指工具，对于设计者而言，他们的工具不仅仅是掌握扎实的设计理论与表现技巧，同时还需要灵活地运用计算机进行辅助设计，把"想要说的话"生动地表达出来。

草图方案1、2 手绘配以计算机辅助设计，将"想要说的话"恰如其分地表达出来。

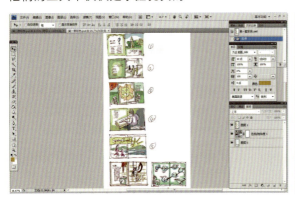 

二、常用平面设计软件推荐

作为一名设计师应永远保持积极主动的创作状态，在电脑辅助创作的进程中，设计师应随时抓住创意的闪光点，不断突破、完善、超越原有的设计方案。

在书籍设计领域，需要设计者熟练掌握的计算机软件主要包括以下几种：

图像处理软件：Photoshop

版式编排软件：Indesign、Pagemaker

矢量图形制作、版式编排软件：Illustrator、Coreldraw

以上几种平面软件既可单独使用，亦可按实际需求综合使用，以达到更快捷、更方便、更有效、更精美的视觉效果。

第四节 审查、选定设计方案

一、审查、选定方案

　　在计算机的辅助下，设计师完成几套备选方案的设计与制作之后，将要进入审查和选定设计方案阶段。方案的审查与选定一般由客户方（甲方）、责任编辑、出版社总编共同参与选定。设计师的几套备选方案由于设计视角不同、构思不同、选用设计素材不同，从而产生了不同的艺术效果与艺术感染力，虽然方案各具特色，但是"鱼和熊掌"不能兼得，最终只能"众里采一"。因此，设计师此时扮演的角色将是一位"游说者"抑或是"讲演者"，借助设计知识的综合运用与发挥，诠释方案的设计理念，经过几番交流与争辩后，敲定一个几方均满意的书籍设计方案。

草图方案3 手绘配以计算机辅助将设计进一步深入，将"想要说的话"表达得更加准确、直观。

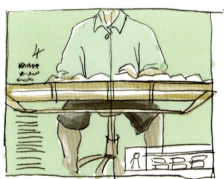

二、核查终稿方案

在最终设计方案的选定之后和制版打样之前，还有一个至关重要的环节是绝不可以忽略的，即核查阶段。被核查的部分包括：1.核查书名、作者名、出版社名称等文字信息；2.核查正式出版的时间；3.核查书籍开本尺寸的数值；4.核查内文页码，确定所选用内文纸的类型与克数，以便于计算书脊的大致厚度；5.核查将要采用的印刷工艺与装订方式。

在对以上信息的精心核查下，可确保书籍内容信息的准确性，如果直接跳过了核查阶段，书籍一旦完成大批量的印刷，再发现以上错误，将会造成巨大的经济损失。

书籍设计印刷成品 在最终设计方案的选定之后和制版打样之前的重要环节是对书籍进行精心核查的阶段，以确保书籍的准确性。

第五节 出片打样

一、出片打样

如果在上一节所讲到的核查终稿方案阶段，不慎仍存在"漏网"的错误，那么印刷前的出片打样阶段则是最后审查的机会，同时也是校验设计样品最后视觉效果的重要程序。

一般而言，出片打样的样张效果往往会与设计师的预想效果存在出入，这需要设计师指导印刷厂做调整，以便还原良好的视觉效果。如果打样的用纸与最后印刷的用纸材料相同则更好，这样会使打样的效果更加接近于印刷成品的效果，从而为确保成品书籍的整体印刷质量又上了一道"保险"。

二、如何检查出片打样效果

待书籍的样张出片打样后，要进行细致的校对工作，检查内容主要包括：

1. 对打样的文字信息重新检查，确保准确性；

2. 检查色彩的还原度，即是否存在偏色；

3. 以菲林片的浮子线为参照，检查菲林和打样的颜色间的套版是否准确。

经典案例解析

■ 项目名称：《LIFE COUNTS》

书籍设计的经营之道是经过设计师运筹帷幄、悉心设计的。版心的设计或大量的留白，给读者留出了充足的心理空间，且产生了"气场"，简洁而不简单，抑或大量的图文，繁而不乱，与前者形成鲜明的对比，彰显书籍的层次性。另外，在内文页的小细节设计上可以看出设计者是经过精心策划的。

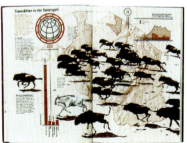

 草图方案绘制　 成稿作品

思考与练习

■ 思考如何开始一本书籍设计。

■ 思考草图绘制与电脑辅助设计的关系。

■ 书籍设计的流程是由哪些部分组成的?

■ 从策划到设计,完成一本书籍的设计。

┈┈┈┈┈┈┈┈┈┈┈┈┈┈┈┈┈┈┈┈┈┈┈

■ 设计主题:《快乐之旅》儿童系列书籍设计

　　设　　计:张　琨

　　指导教师:蒋　琨

若干草图的绘制 在对书籍的精神内容进行详细、深入的理解与考察后,进入大量草图的绘制阶段,充分发挥想象力,使构图的风格符合书籍内容的整体风格,从其中选择较好的方案进行细化。

书籍扉页设计

➡书籍的正文页设计 在大量草图方案中，选择较佳的方案，借助计算机辅助设计以实现想要表现的书籍主题形象，彰显书籍的风格特色。

⬇书籍系列封面设计 运用手绘插图与计算机编排相结合的方法来完成书籍的封面设计。

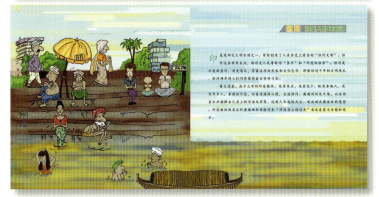

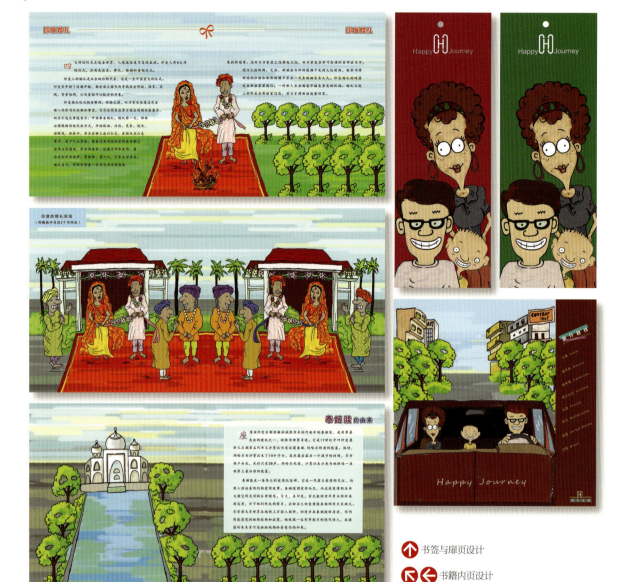

书签与扉页设计

书籍内页设计

此套书籍设计从前期构思到制作再到完成，经过了精心的策划与设计。学生在设计时，从绘制大量的感性草图，到选择方案、修改方案阶段，而后通过计算机辅助设计完成整个方案的制作，进入最后的一个环节——细节的修改、调整与完善。以上设计工作的每一个步骤彼此都是循序渐进、相辅相成的。尤其"草图阶段"是最为重要的一个阶段，是设计者的感性创造阶段，通过大量的草图，将设计师最初的创意思想通过画笔表现出来。此套作品体现了书籍设计步骤的全过程。

在《快乐之旅》系列儿童书籍的设计过程中，学生独立完成了封面、扉页、内文页等一系列设计工作以及插图的绘制工作。书籍设计定位准确，表现力生动，整体风格活泼而不失大方，给人以和谐美、整体美与趣味感。

BOOK
DESIGN 6

书 籍 设 计 的 装 饰 之 道

第六章 书籍设计的装饰之道

导言：随着社会文明程度的逐渐提高，人们对于书籍的渴求愈发迫切，尤其是在国家积极倡导"创建学习型社会"的大趋势下，人们对于书籍的依赖更是有增无减。每当手捧一本自己心怡的书籍，享受阅读所带来的愉悦之时，书籍独特的装帧材料、精美的印刷工艺所带来的个性化的气质与风格，于无声处给读者带来内容以外的感受与联想，"装饰"的价值也就显得愈发重要。

材质之美与工艺之美是构成书籍整体美的重要环节，它必须借助各种装饰材质、印刷工艺与印后工艺才能实现。

在激烈的市场竞争中，书籍设计师不仅要具备一定的设计技巧、专业素养、审美修养，还要懂得书籍装帧的材料与印刷工艺，这样会在设计的过程中为设计师扫除诸多障碍，从而成为一名积极的设计者。

本章重点

- 开本的类型与选择
- 书籍的装订方式
- 书籍的印刷工艺

第一节 开本与材料

一、开本

（一）开本的概念

开本是书籍幅面大小的称谓。它是指全张纸的幅面裁切成相同大小的纸张，通常以开数来区分。

（二）开本的类型

开本按照尺寸的大小，通常分三种类型：大型开本、中型开本和小型开本。以787mm×1092mm 的正度纸张为标准，12 开以上为大型开本，16～36 开为中型开本，36 开以下为小型开本。通常，以文字为主的书籍为中型开本，除6 开、

《梦幻23》 英国 这是一本时装季刊，每一期会聘请一位艺术指导。开本的设计适当、大方，整本书流露出高贵典雅的贵族气息。

12 开、20 开、24 开、40 开近似正方形外，其余开本均为比例不等的长方形。不同的开本分别适用于不同类型的书籍。

（三）开本的选择

在进行书籍设计时，根据书籍的类型、用途与性格，应选择不同的开本。

1.依据书籍类型或性质选择

（1）适用大型开本的书籍：画册、大型工具书、图集。

（2）适用中型开本的书籍：文学著作、学术论著、文艺读物、各类型教材、期刊杂志、通俗读物等。

（3）适用小型开本的书籍：少儿读物、小字典与手册类的工具书、连环画册。

相关知识链接

开数是指一全张纸裁切的纸页数量。换言之，每全张纸裁切成多少小张，就是多少开本。例如，全张纸裁切成8等份，那么每份纸张的开数即为8开。

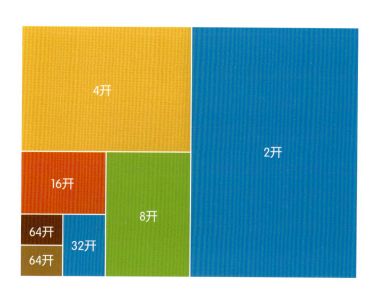

开本示意图

通俗读物一般使用中型开本

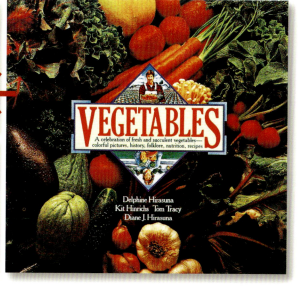

VEGETABLES

A celebration of fresh and succulent vegetables—colorful pictures, history, folklore, nutrition, recipes

Delphine Hirasuna
Kit Hinrichs · Tom Tracy
Diane J. Hirasuna

2. 依据书籍图文的大小与多少选择

一般而言，图片数量繁多、文字庞杂的图书，大多采用大型或中型开本；图片少而精且文字篇幅较小的图书，多采用中小型开本。

3. 依据书籍用途选择

通常，鉴赏类、收藏类图书多采用大中型开本，阅读类图书多采用中型开本，而便携类图书，多采用小型开本。

极富个性的手册设计，使用小型开本。

可爱的儿童读物，使用小型开本。

二、纸张规格、性能及运用

纸作为书籍设计的媒材、信息传播的媒介、视觉传递的平台，在书籍设计中，占有着无可代替的地位，若能将纸张的"性格"与书籍的风格完美地结合在一起，则会为书籍设计的表现增添更广阔的空间。

纵观中国从古至今书籍设计材料的选择与运用，经历了殷商时期的甲骨、周朝的青铜、秦汉的缣帛到东汉的纸张的过渡；亦如西方苏美尔人烧制的陶土、古罗马人使用的蜡版、埃及人采用的莎草纸以及曾经在欧洲流传的羊皮纸，无不洋溢着先人们的聪明与智慧。

纸之美，美在自然。它的纤维经纬、触感气味、材质色泽，无不

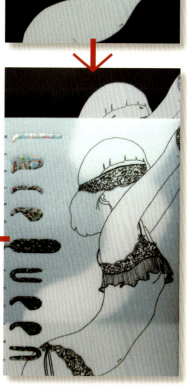

阅读类的书籍多采用中型开本，便于携带与阅读。

将纸张的"性格"与书籍的风格完美地结合在一起，为书籍整体形象的表现增添了更广阔的空间。

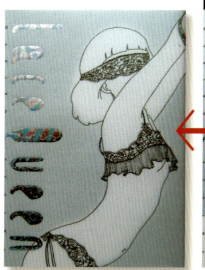

流露出纸的特质与风格。不同的纸张由于材质的不同，呈现出不同的触摸感、挂墨性、耐磨性与平整性，纸张的美为人们的精神空间增添了无穷的享受与愉悦。尽管当代电子信息异常发达，非物质形式的书籍大行其道，但人们依然乐于尽情感受纸本书籍的艺术魅力，这是大自然给予我们的恩惠，即一种电子数码所无法替代的与大自然亲密接触的机会。

纸张中的纤维经过搓揉、磨压，具有耐用结实的实用功能与不可思议的文化韵味，纸张的褶皱叠纹、凸凹起伏，透过光的穿越，展现既丰富又含而不露的微妙表情，在幕后默默地陪衬着图文，彼此相依、交融。

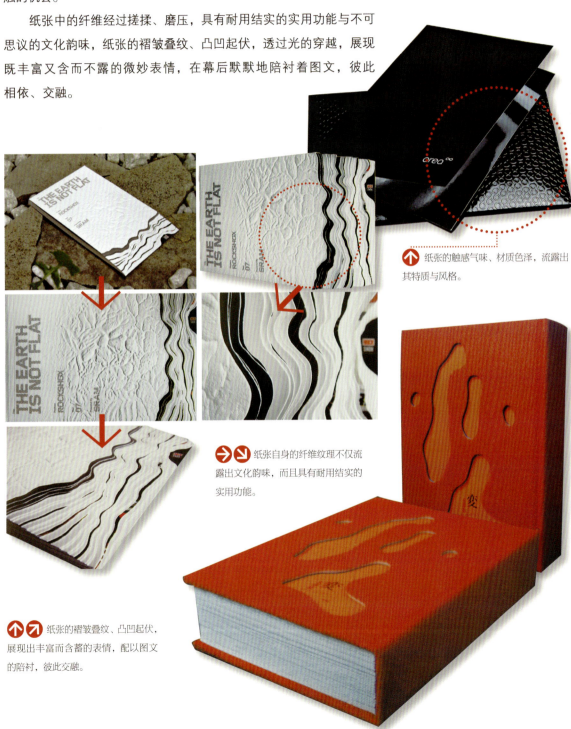

↑ 纸张的触感气味、材质色泽，流露出其特质与风格。

→↘ 纸张自身的纤维纹理不仅流露出文化韵味，而且具有耐用结实的实用功能。

↑↗ 纸张的褶皱叠纹、凸凹起伏，展现出丰富而含蓄的表情，配以图文的陪衬，彼此交融。

（一）纸张的规格

纸张的规格主要分为大度与正度，具体尺寸如下：

纸张开数	大度（mm）	正度（mm）	印刷成品（mm）大度	印刷成品（mm）正度
全开	889×1194	787×1092	889×1194	787×1092
2开	597×889	546×787	570×840	540×740
3开	398×889	360×787		
4开	444×597	393×546	420×570	370×540
6开	398×444	393×364		
8开	298×444	273×393	285×420	260×370
12开	262×298	262×273		
16开	298×222	273×196	210×285	185×260
32开	222×149	196×136		

（二）纸张的性能与运用

纸张材料是书籍存在的物质形式，印刷用纸按用途分为新闻纸、书刊纸、封面纸、币纸、包装纸等，按印刷要求又分为凸版纸、凹版纸、胶版纸等。实际常用纸张如下：

1. 新闻纸

俗称"白报纸"，主要印刷报纸、刊物和书籍等。新闻纸纸面平滑、质地松软、吸墨性强、干燥快，具有一定的机械强度，印刷出来的图文清晰。

◀▶《Anni Kuan 设计室》 设计：Sagmeister Inc. 美国 1999 年 这是一本用于指导制作现代服装产品的书籍，书籍设计精致美观，采用成本低廉的新闻纸来印刷，阅读后可以自由处置，被誉为"可以悬挂的图书"。

2. 胶版纸

亦称"道林纸"，质地坚实、白净，因适合胶版多次套印彩色得名。主要供平版（胶印）印刷机或其他印刷机印刷较高级的彩色印刷品时使用。胶版纸适于印制单色或多色的书刊封面、正文、插页、画报。

3. 铜版纸

亦称"印刷涂料纸"，是一种在纸面上涂染白色涂料的加工纸，质地光洁细密，纸质均匀、涂层牢固、抗水性好、强度较高。铜版纸不耐折叠，一旦出现折痕，极难复原。多供印刷书刊的插页、封面、画册等用。

4. 哑粉纸

正式名称为"无光铜版纸"，在日光下观察，与铜版纸相比，不太反光。用它印刷的图案，虽没有铜版纸色彩鲜艳，但图案比铜版纸更细腻、更高档。

一般哑粉纸会比铜版纸薄并且白，更容易吸墨，纸质坚挺硬朗，不像铜版纸很容易变形。

5. 纸板

又称"草板纸"，常用于精装书的封面、里衬、书函、书壳等的制作。纸板厚度大、重量大、质地挺括坚实。

6. 书皮纸

主要供书刊封面使用。书皮纸有多种颜色，以适应各种封面的印刷需要。

7. 白版纸

白版纸伸缩性小，有韧性，折叠时不易断裂，主要用于简精装书的里封或精装书籍中的脊条等装订用料。

8. 硫酸纸

硫酸纸是一种质地坚硬的薄膜型纸材，具有密致而稍微透明，对油脂和水的渗透抵抗力强，不透气，且湿强度大等特点，能防水、防潮、防油。一般用于书籍的插页或扉页设计。

↑ 瓦楞纸板用于书盒设计，结实坚硬。

↗→ 书籍的插页使用的材质为硫酸纸，营造一种"云破月来花弄影，层层翠幕密遮灯"的意境。这种材质的使用不仅增添书籍的情趣，同时也提升了读者对书籍的阅读欲望。

第二节　装订形式

　　装订是"成书之道"的关键环节，决定了书籍的最终形态。根据书籍的性质以及装饰风格的不同，应采取与其风格相适应的装订形式。良好的装订形式对书籍的装饰能够起到推波助澜的作用，因此在装订形式的选择上应变通选用。书籍的装订形式大致包括以下几种：

设计经验提示

无线胶装的优缺点：

📕 优点

1.不占订口，节约棉纱，阅读方便。

2.可随意插入散页，如广告页、特种纸页等。

3.适应机械化生产要求。

📕 缺点

1.保质期短。

2.开合次数过多时，易散页，牢固度、耐用度均不及锁线装订。

一、无线胶装

　　无线胶装亦称"胶订"、"无线订"，指不用线或铁丝装订，只通过黏胶将书页固定在一起。无线胶装是平装书的装订形式，是最便宜、最快捷的装订方法，主要用于期刊、杂志、样本等书籍的装订。

二、线胶装

　　是将折好的书页按照顺序排列，用线在中缝处串起，再将串好的书芯粘上环衬，然后在书芯的书脊处涂胶灌浆，将书芯与书封粘合牢固，最后再经过裁切、压槽工艺完成。

无线胶装

线胶装

三、骑马订

　　骑马订是指将书页套叠起来，用骑马订书机将书芯与封面一同装订。采用骑马订的书应注意不宜太厚，而且多帖书必须套合成一整帖才能装订。骑马订装订形式简单，一般适用于宣传册、较薄的文学类杂志、样本等装订。

四、YO 环装

　　YO 环装是一种散页的装订形式。首先将书页戳齐，然后在靠近书脊的位置打一排孔，孔形有圆孔和方孔两种，最后将 YO 环装上。

五、精装

　　精装书的封面、封底一般采用丝织品、漆布、人造革、皮革或纸张等材料，粘贴在硬纸板表面做成书壳。

　　精装书的装订工艺流程包括订本、书芯加工、书壳的制作、上书壳等工序。精装书的书芯制作与线装书的方法基本相同，不同的是还要通过压平、扒圆、起脊、贴书脊布、粘脊头等特殊的加工过程。此外，上书壳是通过涂胶、烫背、压脊线工序将书芯和书壳固定在一起。

第三节　书籍的印刷工艺

　　书籍既是一个静止的载体，同时又是动态的传媒，书籍的所有视觉形式都要通过印刷这一重要程序呈现给读者。印刷精美、工艺精良的书籍，不仅会提升书籍的品位与档次，而且会让读者

骑马订

YO 环装

精装

欣赏把玩、爱不释手，沉浸在印刷所带来的视觉与触觉享受之中。书籍的印刷工艺主要分为：凸版印刷、凹版印刷、平版印刷、丝网印刷等。

一、凸版印刷

凸版印刷简称"凸印"，亦称"铅印"，是利用凸起的部分为印版的印刷方式。凸版印刷的方式主要有木刻雕版印刷、铅活字版印刷和感光树脂版印刷。现代工业化的凸版印刷以感光树脂版印刷为主。

（一）印刷制作过程

输出菲林阴片——制作感光树脂版——上版——印刷。

（二）印刷原理

凸版印刷上的图文均为反像，图文部分与空白部分不在一个平面。印刷时，经过墨辊滚印版表面，油墨经过凸起的部分均匀地沾上墨层，承印物通过印版时，经过加压，印版附着的油墨被印到承印物表面，从而获得了印迹清晰的正像图文印品。一般而言，凸版印刷适宜小幅面的印刷品。

二、平版印刷

平版印刷源于石版印刷，早在 1789 年，由巴伐利亚剧作家逊纳菲尔德发明。石版印刷应用油水相拒的原理，将石版或印版表面的油墨直接转印到纸张表面，着墨图像印在纸上，吸水部分不留下痕迹。

平版印刷不同于凸版和凹版印刷，其印版几乎处于同一平面上，不直接接触承印物，印刷中印版先印到橡胶辊上，形成反像图，然后再经过压印滚筒将橡胶布上的图像转印到承印物上。平版印刷主要用于书籍、杂志、包装等印刷工艺中。

🔴 平版印刷
🔴 凸版印刷

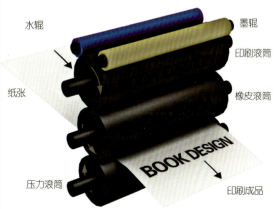

印刷制作过程：

给纸——湿润——供墨——印刷——收纸。

三、凹版印刷

凹版印刷简称"凹印"，按照制版方式分为雕版凹版、照相凹版和蚀刻凹版。凹版印刷的印版图文部分低于印版表面，主要应用于书籍、产品目录等精细出版物，而且也应用于装饰材料等特殊领域，如木纹装饰、皮革材料等。

印刷制作过程：

印刷时，滚筒式从油墨槽里滚过，使整个印版沾满油墨，经过刮墨刀将印版表面的油墨刮净，使油墨保留在凹陷处，再经过压印滚筒的压印，将油墨压印到承印物的表面。凹版印刷所印画面的浓淡层次是由凹坑的大小及深浅决定的：如果凹坑较深，则含的油墨较多，压印后承印物上留下的墨层就较厚；如果凹坑较浅，则含的油墨量就较少，压印后承印物上留下的墨层就较薄。

四、丝网印刷

丝网印刷简称"丝印"，是油墨在强力作用下通过丝网漏印形成图像的印刷工艺。

（一）印刷制作过程

以网框为支撑，以丝网为版基，根据印刷图像的要求，将丝网表面制作遮挡层，遮住的部分阻止油墨通过，没有遮住的部分允许油墨穿过，通过刮板施力将油墨从丝网版的孔中挤压到承印材料上。

（二）丝网印刷的特点

1. 印刷适应范围广泛。既可在平面上印刷，也可以在曲面、球面及凹凸面的承印物上进行印刷；既可在硬物上印刷，还可以

凹版印刷

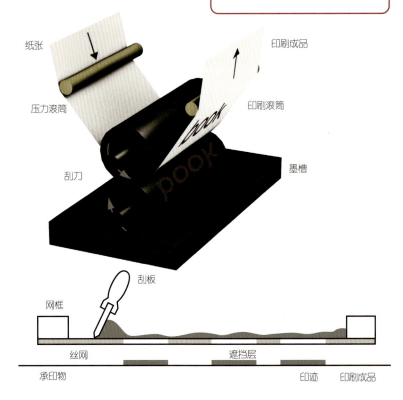

纸张
印刷成品
压力滚筒
印刷滚筒
刮刀
墨槽
刮板
网框
丝网
遮挡层
承印物
印迹 印刷成品

丝网印刷

在软物上印刷，不受承印物的质地限制；

　　2.墨层厚实，立体感强，质感丰富；

　　3.耐光性强，色泽鲜艳，油墨调配方法简便；

　　4.印刷幅面较大。

五、特殊工艺

　　特殊工艺主要应用于印后，一般包括上光工艺、覆膜工艺、烫金工艺、凹凸压印工艺、模切压痕工艺等工艺技术。印后工艺的使用会对书籍的整体效果起到画龙点睛的作用。

⬆ 凹压印工艺

⬇ 凸压印工艺

↙ 烫金

经典案例解析

■ 项目名称：Read Naked
■ 设　　计：Piet Schreuders&Underware
■ 国　　家：荷兰

　　这本书主要为能经受桑拿房高温而设计的，可以抵御热蒸汽。书中设计并使用了一款"桑那"字体，并介绍了使用后干燥处理的方法。整本书具有较强的可塑性。书籍采用锁线装订的方式，以便抵御热力和湿气腐蚀。

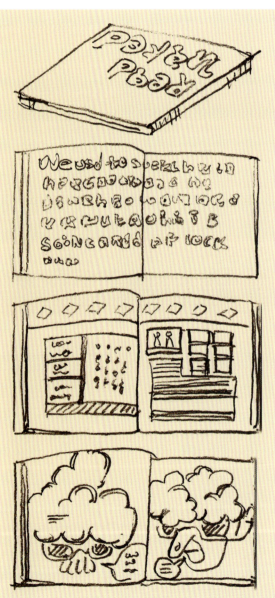

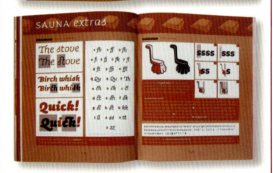

 草图设计　　 印刷成品设计

📖 **项目名称：Domus Intersections,Issue 923**

　　书籍设计标新立异，不仅具有较强的形式感，而且在用纸和折纸方面凸显书籍的装饰之美。

思考与练习

- 📖 思考不同的印刷技术对书籍形态设计的影响。
- 📖 思考如何把握开本与书籍类型的一致性。
- 📖 到印刷厂考察，深入了解印刷工艺及印刷流程。
- 📖 设计一套体现技艺之美的书籍设计。

- 📖 设计主题：《红酒文化》书籍设计
  - 设　　　计：韩志泓
  - 指导教师：蒋　琨

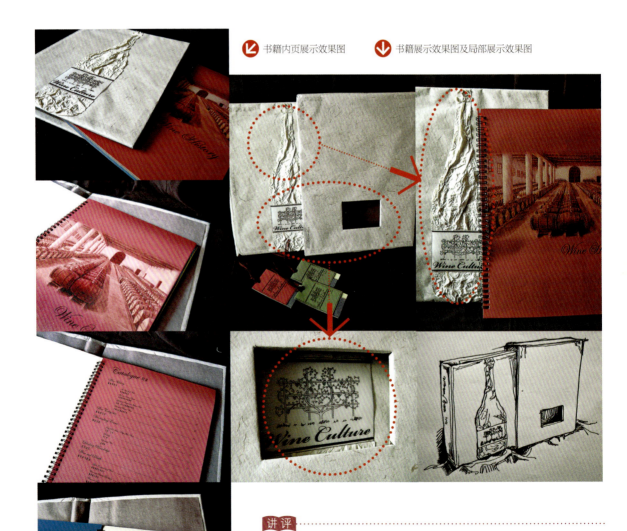

🔻 书籍内页展示效果图　　　🔻 书籍展示效果图及局部展示效果图

讲评

　　《红酒文化》书籍设计从色彩的选择到材质的应用，再到印刷工艺的施行，能适恰地体现产品的特征与性质，书籍在设计中运用模切压痕等工艺，这些技艺的综合运用对于表现书籍的内涵、突出产品形象均起到了极大的推动作用。

参考文献
Reference Literature

- 1. ZOOM IN ZOOM OUT Published and distributed by viction:workshop ltd. 2006

- 2. 张先慧主编，《国际设计年鉴》，大连：大连理工大学出版社，2008

- 3. [英]丹尼尔·梅森编著，张成亮译，《材料与印刷的创意解决方案》，北京：中国青年出版社，2008

- 4. 张森编著，《书籍形态设计》，北京：中国纺织出版社，2006

- 5. [英]拉克希米·巴斯卡拉安编著，初枢昊译，《什么是出版设计》，北京：中国青年出版社，2008

- 6. [英]罗杰·福塞特一唐编著，黄蔚译，《装帧设计》，北京：中国纺织出版社，2004

- 7. Roger Fawcett-Tang Caroline Roberts 编著，马丽 李亮译，《现代书籍设计》，北京：中国水利水电出版社，2005

- 8. AZUR CORPORATION Tokyo TDC,Vol.18—The Best in International Typography&Design

- 9. [英]马克·汉普希尔 基斯·斯蒂芬森编著，海军译，《制品与平面设计》，北京：中国青年出版社，2009

- 10. 吕敬人编著，《书艺问道》，北京：中国青年出版社，2006

- 11. 邓中和著，《书籍装帧》，北京：中国青年出版社，2004

- 12. [英]安德鲁·哈斯拉姆著，钟晓楠译，《书籍设计》，北京：中国青年出版社，2007

- 13. FORM BOOK&PROMOTION Editoral Department Sandu Publishing July,2009

- 14. 张潇编著，《书装百年》，长沙：湖南美术出版社，2005

- 15. 李致忠著，《简明中国古代书籍史》，北京：中国国家图书馆出版社，2008

- 16. THE RISE OF ASIAN DESIGN Art Diector:SK Lam Published by AllRightsReserved

- 17. 杨苗编著，《国外书籍设计》，南昌：江西美术出版社，2005

后记
Postscript

子曰："言而无闻，行而不远。"书籍作为言之以文的载体，在传承文化和传播知识方面起到了重要的作用。在对待知识方面，古人亦云："士大夫三日不读书，面目可憎，言语无味。"此语虽不免有夸张之辞，但也道出了书籍在人们的精神生活中的价值和意义。

书籍作为传承文化的物质载体，在传播过程中，如何更好地保护书籍、促进阅读，也就成为书籍设计的核心问题。对于书籍的设计而言，从上古之时的竹书记事开始，到秦汉之际的竹木简牍，以及魏晋之后的帛书、纸本书籍的出现，人们就已经意识到了书籍的"设计"。当时的"设计"仅仅是出于对书籍保护的目的，还没有将其提升至理性的审美追求层面。虽然在形态上略显粗卑简陋，但毕竟开启了书籍设计意识的先河。

到了近代以后，受蔡元培先生"以美育代宗教"思想的影响，审美教育受到重视，作为传承文化载体的书籍设计也为许多文学、艺术家所钟爱，诸如闻一多、鲁迅、陈之佛、丰子恺等人都进行过书籍设计。虽然这一时期对书籍设计的认知仅停留在"装饰"层面，但他们在书籍设计方面的探索和实践为今天的书籍设计提供了弥足珍贵的审美经验参照。当前，许多从事平面设计教育的人员也从不同的视角出发著书立说，使得市场上关于书籍设计方面的著作不绝于目，在形色色的著述中不乏许多经典之作，这些著作兼具"形而上、形而下和形而中"即"道、技、谋"的结合。正如《考工记》所云："天有时、地有气、材有美、工有巧，合此四者，然后可以为良也。"这是作为一个完整的知识体系所必须具备的，这也是本书力求"一以贯之"的宗旨。

在本书的写作过程中，由于自身知识的浅陋和匮乏，几乎无法言尽对书籍设计庞杂内容的理解，为此而感到诚惶诚恐、忐忑不安，诸多关于书籍设计方面的内容，挂一漏万之处在所难免，还望各位同仁提出宝贵意见。

在书籍的出版过程中，得到了人民美术出版社王远女士的鼎力扶持，她严谨求实的工作精神、精益求精的工作态度，让我由衷感到钦佩。另外，这本书能够如期出版，还得到了天津职业技术师范大学艺术学院的学生武青帅、蔡健、袁义、韩敏杰四位同学的倾力协助，他们为本书的编排设计倾注了大量的精力，在此表示衷心感谢！

蒋　琨
天津职业技术师范大学
2010 年 5 月于致微斋